BENZHI ANQUANXING
YUANGONG DAODU

本质安全型员工导读

罗云　裴晶晶　曾珠　编著

我想安全　我要安全

我学安全　我会安全

我做安全　我成安全

化学工业出版社

·北京·

内 容 简 介

本质安全是新时代做好安全生产工作的要求，本质安全型员工是创建本质安全型企业的重要方面。《本质安全型员工导读》以编著者研究团队创立的“本质安全型企业”理论为依据，基于人的本质安全化模型和标准，从“我想安全、我要安全、我学安全、我会安全、我做安全、我成安全”六个层面，遵循安全认知和能力培养的基本逻辑，层层相扣、循序渐进，逐步深入地论述了培塑“本质安全型员工”所需要和必备的理念、理论、知识和方法。

本书适于企业经营管理者和基层的员工阅读，具有行业普适性、文字通俗性、内容科普性的特点。本书也可作为各行业安全工程专业人员和安全、应急管理人员的专业参考读物。

图书在版编目（CIP）数据

本质安全型员工导读/罗云，裴晶晶，曾珠编著．—北京：化学工业出版社，2021.12

ISBN 978-7-122-39989-2

Ⅰ.①本…　Ⅱ.①罗…②裴…③曾…　Ⅲ.①企业管理-本质安全-安全教育　Ⅳ.①X925

中国版本图书馆CIP数据核字（2021）第196904号

责任编辑：杜进祥　高　震　　　文字编辑：段曰超　师明远

责任校对：宋　玮　　　装帧设计：韩　飞

出版发行：化学工业出版社（北京市东城区青年湖南街13号　邮政编码100011）

印　　装：大厂聚鑫印刷有限责任公司

710mm×1000mm　1/16　印张13½　字数242千字　2022年1月北京第1版第1次印刷

购书咨询：010-64518888　　　售后服务：010-64518899

网　　址：http://www.cip.com.cn

凡购买本书，如有缺损质量问题，本社销售中心负责调换。

定　　价：68.00元

前言

人以安为命，有命则生！民以安为天，有天则远！国以安为基，有基则稳！家以安为吉，有吉则福！

生产、生活，时时、处处都面临着事故灾害风险，企业、家庭、你我，人人都需要安全！

如何获得安全？如何实现安全？如何做到安全生产、安全生活、安全生存？人类工业化社会的安全智慧延续了百年：

- 安全技术的智慧数百年；
- 安全法治的智慧 200 年；
- 安全工程的智慧上百年；
- 系统安全的思想 70 年；
- 安全科学的发展 50 年；
- 安全管理体系推行 40 年；
- 安全文化的兴起 30 年；
- 智能安全应用近 10 年。

安全智慧的目标是本质安全，追求事故风险“为零”。本质安全是必由之路，是人们安全活动、安全行为、安全管理与安全科技的终极目标！

什么是本质安全？如何做到本质安全？显然，仅仅是设备、技术的本质安全是远远不够的。因为，导致事故发生的因素不仅仅是技术因素，甚至主要不是技术因素。无论是基于安全科学的理论，还是对事故的统计分析，都充分地表明：人的因素才是根本的、主要的、关键的、最为重要的事故致因。相应的，本质安全的内涵、要求和参与的角色，不能缺少人的因素。由此，我们获得推理：本质安全企业、本质安全城市、本质安全社会（社区）的构建，需要系统思想、多因素治理，必然涉及人、物、管理等因素，需要人因的本质安全化、物因的本质安全化、管理的本质安全化：人本靠文化、物本靠科技、管本靠体系。

基于上述认知，我们从人的因素本质安全出发，针对企业安全生产从业人员——员工的本质安全，经过理论研究、方法探索、实践验证等多年的积累，编著本书。

本书为培塑“本质安全型员工”而写，以编著者研究团队创立的“本质安全型企业”理论为依据，基于人的本质安全化模型和标准，从“我想安全、我要安全、我学安全、我会安全、我做安全、我成安全”六个层面，遵循安全认知和能力培养的基本逻辑，层层相扣、循序渐进，逐步深入地论述了培塑“本质安全型员工”所需要和必备的理念、理论、知识和方法。其遵循的论述逻辑是：强意识——从有知到须知，立理念——从须知到理知，备知识——从无知到有知，增能力——从知识到能力，会做到——从能力到行动，达目标——从行动到成效。

本书共六章，第一、二、六章由罗云执笔，第三章由曾珠执笔，第四、五章由裴晶晶执笔，全书由罗云统稿。团队成员张晓彤、任晓明、许铭、王冠韬、罗斯达、李平、武琳、刘璐、李颖、蒋雅轩也对本书作出了贡献。

本书适于企业经营管理者和基层的员工阅读，具有行业普适性、文字通俗性、内容科普性的特点。本书也可作为各行业安全工程专业人员和安全、应急管理人员的专业参考读物。

罗云

2021年7月

目录

绪言

我理解、我参与、我幸福

第一节　认知理解本质安全——概念、理论及规律

在人类近代工业化发展进程中，人们的安全智慧不断演化和提升：数百年前，人类发明的蒸汽机以及电的利用，推动产生了安全技术保障的智慧；19世纪初，工业事故的发生催生了人类最早的安全法规；20世纪初，化学工业和冶金工业的发展，促进了人类安全工程智慧的诞生，至今已过百年；20世纪50年代以来，航空航天领域的重大事故灾难，引出人类系统安全的思想；20世纪60年代，世界范围交叉科学的发展，在工业安全领域，具有综合性、交叉性特点的安全科学应运而生；20世纪80年代发生了切尔诺贝利核泄漏事故。由此，人类对事故致因要素中的“人因”有了新的、深刻的认知，在核工业领域率先将安全上升到文化的高度，安全文化的智慧由此诞生，人的“本质安全”概念从此建立。

在追溯人类安全智慧的演变历程中，我们看到了这样一条清晰的轨迹：从设备本质安全到技术本质安全，从技术本质安全到系统本质安全，从系统本质安全到组织（企业）本质安全。如图0-1所示。

从中我们可以看到：“本质安全”是人类安全智慧最璀璨的那颗明珠，而“人因”的本质安全是最重要和最具挑战的命题。

“本质”之“本”即“根本”，是“自有、固有的”，不是外界赋予的；“本质”之“质”即“特质、特性、特有”。因此，“本质”即“固有的、根本的特质”。

“本质”可定义为：“存在于事物之中的永久的、不可分割的要素、质量或属性”，或者说是“事物本身所固有的，决定事物性质、面貌和发展的根本属性”。“本质”即“事物本身所固有的属性”。

“安全”的一般表述就是“无危为安，无损为全”，其定义为“免除了不可

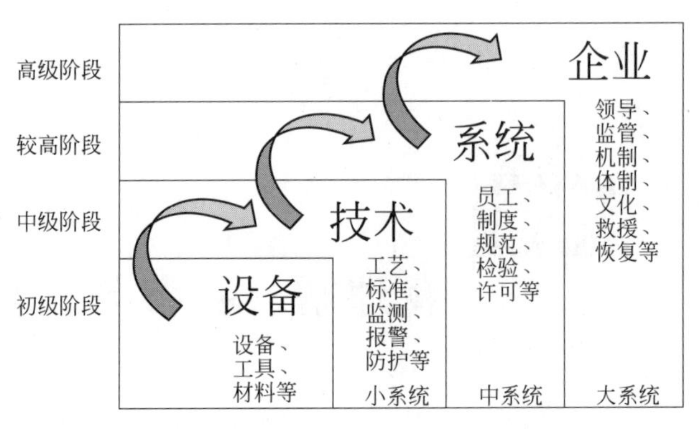

图 0-1　人类本质安全的发展轨迹

接受的损害风险的状态”。在工业安全领域，安全还有一种具有代表性且被广泛引用的传统说法：安全是指不发生导致死亡、伤害、职业病、设备和财产损失的状态。

本质安全的定义有狭义和广义之分。

定义 1（狭义——以技术或设备为对象）：本质安全是指设备、设施或技术工艺含有内在的能够从根本上防止发生事故的功能。本质安全是从根源上消除或减小生产过程中的危险。本质安全方法与传统安全方法不同，即不依靠附加的安全系统实现安全保障。

定义 2（广义——以系统为对象）：本质安全化是指安全系统中人、机、环境等要素从根本上防范事故的能力及功能。本质安全的特征表现为根本性、实质性、主体性、主动性、超前性，“化”的特征表现为系统性、全面性、普及性。

定义 3（广义——以企业为对象）：本质安全企业是指通过建立科学、系统、主动、超前、全面的安全保障和事故预防体系，对企业生产经营全过程、技术工艺全环节、生产作业全要素，实施全员、全面、全时的本质安全管控，使各种事故风险因素始终处于预控、预防的状态，实现企业安全生产的可控、稳定、恒久的安全目标。本质安全型企业的功能性标志是人员：思想不懈怠、行为零差错；技术：设备无故障、工艺零缺陷；管理：责任全到位、制度零漏洞；系统：过程无隐患、全面零风险。

第二节　参与担当本质安全——功能、作用及方法

构建本质安全型企业是现代社会科学发展、安全发展的需要，是企业提升

安全保障能力和事故预防水平的根本要求。在宏观层面上，创建本质安全型企业的现实意义在于：

① 促进企业实现安全生产长治久安。本质安全型企业要求实现安全生产系统全要素的本质安全，包括：人员队伍、技术设备、生产环境、制度流程等，即实现人因、物因、环境、管理等要素的本质安全。通过本质安全建设，转变管理模式和治理方式，即从被动的政府监察、社会监督的外部方式，以及事故追责查处的事后方式，转变为超前的、根源的、内在的、能动的、本质的安全预控和防范方式上来；通过本质安全型企业的创建，实现人员无“三违”、设备无故障、环境无缺陷、管理无漏洞，从而达到长治久安、持续安全的现代安全管理目标。

② 根除“形式安全、应付文化”不良风气。针对目前生产经营单位普遍存在的“重治标轻治本、重经验轻科学、重形式轻实效、重事后轻事前、重制度轻执行、重处罚轻教育、重追责轻担责”的非本质安全状况或时弊，通过本质安全型企业的创建，根本改变这些“形式安全、表面安全”“应付文化、有文无化”的不良现象，提升企业本质安全水平和能力。

③ 提高企业安全生产超前预防的能力和水平。预防为主是安全生产的基本方针，坚持突出预防、防范在先是安全生产的根本策略。通过本质安全型企业的创建，使企业建立起科学的、系统的、主动的、超前的、全面的安全保障体系，实现对生产安全事故的超前预防，从而提升企业安全生产的保障能力，提高企业的事故防范水平。

④ 实现企业安全生产源头治理和系统保障。本质安全的内涵是事故风险 $R \to 0$，安全保障 $S \to 1$ 的过程和状态，即实现风险最小化、安全最大化的目标。本质安全讲究科学防范、综合治理，本质安全致力于系统视野、实质改进。本质安全型企业的安全管控强调以固有风险、现实风险为治理对象，以“人-机-环境-管理”要素为体系，透过复杂的现象，通过优化安全的资源配置和提高其安全要素的整体性，追求诸要素功能、安全、可靠和谐统一，使各类事故风险因素始终处于受控制状态，找准影响安全系统的根本和要害，实现安全最大化、风险最小化，实现源头治理、标本兼治、系统保障。

⑤ 提高企业安全生产工作的合理性和有效性。通过本质安全体系的构建，转变企业安全生产管理的方式方法：变经验管理为科学管理，变结果管理为过程管理，变事后管理为事前管理，变静态管理为动态管理，变成本管理为价值管理，变效率管理为效益管理，变管理对象为管理动力，变约束管理为激励管理，变人治管理为法治管理。从而提高安全生产工作的科学性、合理性、有效性和持续性。

第三节　共创共享本质安全——目的、意识及价值

创建本质安全型企业的主要目标和目的是：

① 以人为本、系统治理。企业保障安全生产，首先要做到“综合治理”“系统工程”。综合治理体现在事前预防、事中应急、事后保障的综合对策措施方面；系统工程的涵义是从人的因素、技术因素、环境因素、管理因素入手控制事故致因，保障系统安全。在综合治理、系统工程的基础上，本质安全强调超前预防、事前控制，这就提出需要“变事后管理为事前管理、变就事论事为系统防范、变成本观念为价值理念、变效率观念为效益理念、变应付文化为预防文化、变事故治标为安全治本、变他律他责为自律自责”。其中，首要和关键的对策是人因的本质安全，要“以人为本”。“以人为本”首先是依靠人，要“人因为上”，就是要“人人有责，全员参与”。人、机、环、管各安全要素具有非线性的关系。其中，员工即人因既是安全生产的主体——保护者，又是安全生产的客体——被保护者，人因是技术、环境、管理的变量或影响因素。人因不仅是根本的安全因素，同时还是技术和管理效能的决定因素，所以，人因既是安全生产工作的归宿，更是安全生产命运的根本性决定性因素。通过对大量事故资料的统计分析，得到的结论是80%以上的事故是人的因素所致。因此，本质安全企业的创建，其重点是人的本质安全，这是企业安全生产保障的根本，是本质安全企业的关键特征。

② 技术制胜、文化强基。我国改革开放的初期，由于生产力水平的低下，各行业普遍存在生产技术工艺、装备设施等科技水平较低的状况，因此，初期强调技术制胜的战略策略。随着安全科技的发展，经济能力的增强，以及生产技术的发展，各行业、企业的安全科技水平得到大大提升，甚至在国际范围处于领先的水平，同时随着改革开放的深入，安全生产领域在20世纪90年代引入的安全管理体系模式和方法，对我国安全生产管理水平的提升发挥了积极作用，安全管理的国际接轨也达到了较高的水平。反之表现出的事故主因、安全的薄弱环节是人的因素。基于理论的分析与实证的研究，表现出安全工程技术、安全监督管理对安全生产系统保障的贡献率发挥到了极致，而安全文化的作用远远不够，人的因素成为安全生产的最“短板”。因此，在人本、物本、管本的体系中，人的本质安全成为最突出和关键的问题，由此，提出了“从技术制胜到文化强基”的战略策略。在新版的《安全生产法》中将原第十八条对

于生产经营单位负责人的法律责任从6项增加到7项，增加的内容是："组织制定并实施本单位安全生产教育和培训计划"。第二十五条新增了全员安全培训的规定，表明安全法律强调了对安全文化和人的因素的重视和强调。同时，2016年底中共中央、国务院发布的《推进安全生产领域改革发展的意见》的文件，《安全生产法》修改建议稿（2020年）中也提出了安全文化建设的要求。这些法规、文件有关人因管控、文化创新的新突破，符合科学的"事故主因论"（事故的主要原因是人的因素）和"人为因素决定论"。人的安全素质是安全生产的基础，安全教育培训是文化强基的重要手段。我国在经济基础和生产力水平发展到一定程度的今天，很多行业已经从技术制胜时代转变为"文化引领"的时代，因此，以人的本质安全化为目的的安全文化建设已经成为潮流和未来提升安全生产保障能力和水平的前沿及制高点，同时，也是"十八大"报告提出的"强化安全生产基础"的重要组成部分。

③ 班组为基、强基固本。安全生产状况是企业安全工作的综合反映，是一项复杂的系统工程，只有决策层的重视和热情不行，仅有部分员工的参与和能力也不行，因为个别员工、个别工作环节上的缺陷和失误，就会破坏安全生产保障系统的整体。事故统计分析表明，企业90%的事故发生在生产一线，生产过程的事故98%与班组有关，可以说班组现场是企业事故发生的根源，这种根源是通过班组员工的安全素质、岗位安全作业程序和现场的安全状态表现出来的。因此，本质安全企业的创建，重心必须放在班组，功夫下在作业现场，措施落实在岗位和具体操作员工的每一个作业细节。通过"基本、基础、基层"的"三基"本质安全体系建设，夯实企业安全生产基础，遏制事故发生的源头。生产班组是安全生产的前沿阵地，班组长和班组成员是阵地上的组织员和战斗员。企业的各项工作都要通过班组去落实，上有千条线，班组一针穿。国家安全法规和政策的落实，安全生产方针的落实，安全规章制度和安全操作程序的执行，都要依靠和通过班组来实现。特别是作为现代企业，安全生产标准化建设，事故隐患查治，现场安全风险管控，以及职业安全健康管理体系的运行，企业安全文化落地都必须依靠班组。反之，班组成员素质低，作业岗位安全措施不到位，班组安全规章制度得不到执行，将是事故发生的土壤和温床。安全科学理论揭示出，生产的最基本单元是班组，班组是安全系统的基本细胞，只有细胞健康，机体才能健康。

创建本质安全型企业的价值和意义在于：

① 是持续安全生产的治本之策。国际工业安全和国内安全生产的发展潮流指出，实现系统安全必须坚持"标本兼治、重在治本"的方针和策略。依赖于审核、验收的形式安全，只管一时；根据检查、评价的表面安全，只管一事；通过查处、追责的结果安全，只管一阵。通过科学、系统、源头、根本、

长远的本质安全建设才能使企业安全生产可持续。

② 是企业安全管理工作的至高境界。企业的成败在安全，发展的基础在安全，没有安全，生产、效益、利润一切无从谈起。企业要实现生产过程中的零事故、零伤亡、零损失、零污染结果性指标，必须通过零“三违”、零隐患、零危害、零事故等本质安全性目标来实现。实现企业生产“全要素”“全过程”的本质安全，是全面预防各类生产安全事故，根本保障安全生产的科学性、有效性措施，因此，任何企业如果能够做到真正的本质安全，是企业安全生产工作的最高境界。

③ 是实现企业长治久安的必然选择。安全生产的基本理论告诫我们：危险是客观的、永恒的，安全是相对的、可及的，事故是可防的、可控的。因此，仅仅立足企业外部的评级、认证，以及发生事故后的发文件，突击式、运动式、临时性的被动作为，显然是不够的，至少是暂时的、短效的。企业只有朝着本质安全的目标和方向去谋划、去努力，通过长期不懈、持续追求科学的本质安全体系建设，安全生产的形势根本好转和长治久安的局面才有可能实现，也一定能够实现。

④ 是实现“安全发展”和“以人为本”的理想法宝。社会、企业的安全发展需要本质安全的强力支撑；“以人为本”既是本质安全的目标，也是本质安全的手段。本质安全重视内涵发展，追求安全的科学性、事故防范对策的系统性、安全方法的有效性，因而，与科学发展一脉相承；本质安全突出安全本质要素，除了技术因素、环境因素，更重视人的因素，因此，与“以人为本”（为了人、依靠人）殊途同归。

安全文化建设的目标就是塑造本质安全型员工，从安全观念文化和安全行为文化入手，创造良好的安全物态环境，塑造“时时想安全的安全意识、处处要安全的安全态度、自觉学安全的安全认知、全面会安全的安全能力、现实做安全的安全行动、事事成安全的安全目的”的本质安全型员工。

第一章 我想安全——强意识

安全意识是指人在思想上对客观物质世界（如安全生产条件和过程）的安全认知和态度，是安全感觉、安全思想、安全思维等各种心理过程的总和。安全意识强的员工能够遵章守纪、行为规范、作业标准，具有较强的防事故、保安全能力。所以，要把培养员工的安全意识作为实现企业长治久安的一项重要基础性、根本性工作来抓。

安全意识是人本质安全行为的内在动力，安全行为是本质安全型员工的外在表现。安全意识决定安全行为，安全行为反映安全素质。

所谓：意识决定行为，行为表现素质，素质决定命运。

第一节 正确的安全生产认知

一、安全是员工的最大福利

安全是员工最大的福利，是家庭幸福的保障。失去安全与健康，人生、家庭、幸福一切归零！

1. 理解含义

安全生产守护员工生命安全、保护员工身体健康、保障企业经营效益，安全生产是员工家庭幸福、生活美好、人生美满的基本要求和前提条件，是员工的最大福利。

2. 认知领悟

① 安全是企业实现生产效益的前提。企业的经济效益和员工福利，都是建立在安全生产基础上的。没有安全就没有企业稳定的生产环境，就不可能有持续稳定的经营发展和经济效益。同时，做好安全生产工作，可有效地避免生产安全事故的发生，降低事故率和职业病发病率，保障员工的生命权和健康权，使个人、家庭获得安全感、幸福感，使员工获得最基本、最有价值的福利。因此，每个员工应该认识到。

② 安全生产对员工有利。做好安全生产，首先对员工个人有利，“以人为本，生命为本钱”，有了生命的“本钱”，个人才能为社会、企业和家庭创造更大的财富。

③ 安全生产对家庭有利。“平安是福”“生命胜金”，只有保障安全生产，实现“安安全全上班去，平平安安回家来”，家庭才能美满，个人才有幸福，财富才有意义。

二、安全是国家稳定和发展的基石

安全促进社会和谐，安全保障社会稳定，安全是国家强大的基石，安全是社会文明的标志，安全是社会经济发展的基石。

1. 理解含义

员工是企业的第一生产力，职业安全健康是员工的第一需求，劳动保护是员工的最基本权利，做好安全生产工作，保障员工的职业安全健康，企业的生产经营才能得到保障，社会的发展才能持续稳定，国家的强大才有坚实的基础。

2. 认知领悟

① 发展是硬道理，安全是主红线。安全和发展是民族复兴和国家强大的一体之两翼，是驱动经济社会发展和进步之双轮。国家的发展绝非不计代价，更不能被曲解为一切为发展让路，甚至包括人的生命。人没了，发展还有什么意义？因此，对于企业而言，要应用新时代的安全发展理念引领企业长远发展、持续发展，从根本上提高安全发展水平，企业的规划、设计和建设工作，要遵循“安全第一”方针；要坚定“安全发展”理念，牢牢守住安全生产这条主红线，坚守安全生产的根本原则，真正把安全作为发展的前提、基础和保障。

② 安全发展是科学发展的本质要求和基本要义。实施安全发展战略，就

是要把安全生产红线贯穿和体现到经济社会发展全局中，同步考虑、同步部署、同步实施，把安全生产与转方式、调结构、促发展紧密结合起来。

三、安全是企业实现生产效益的基本前提

安全生产对于企业是经营准入的条件，是市场竞争的要素，是持续发展的基础，是利润的组成部分，安全生产是企业效率和效益的基石。安全也是生产力！

1. 理解含义

安全生产是指在劳动生产过程中，努力改善劳动条件，克服不安全因素和不卫生条件，使劳动生产在保证劳动者的安全和健康、国家财产免受损失的前提下进行。它既包括对劳动者的保护，也包括对生产设备、财物、环境的保护，使生产活动正常进行。

安全是生产效益的保障，安全能够减少事故损失，安全能够稳定产量、产值，安全能够促进经济效益的提高。

2. 认知领悟

安全生产是安全与生产的统一。安全是生产的基础和前提，生产必须安全。搞好安全工作，不断改善劳动条件，是政府和企业的责任和义务；保护新员工的安全与健康，减少员工伤亡，可以减少劳动力的损失，发展生产；预防和减少财产的损失，可以增加企业效益，无疑会促进生产的发展。而生产必须安全，则是因为安全是生产的前提条件，没有安全就无法生产。

① 企业的百年“基业”需要安全。“基业”是企业发展的支撑，不单指生产经营、经济效益，还包括安全，百年基业就是在确保安全生产的基础上实现企业生产经营，经济效益的持续发展。安全是决定企业效益和长远发展的关键，是企业生产的永恒主题。没有人的安全和稳定的生产环境，生产过程将停止甚至终止，效益与发展也将是一句空话。

② 安全也是生产力。安全就是效益，它不仅能“减损”而且能“增值”，不仅能给企业带来间接的回报，而且能产生直接的效益，体现企业的核心利益和核心竞争力。企业只要确保安全，人力、物力、财力投入有所保障，尽可能减少事故的发生，减少事故损失，就能实现企业效益最大化。

③ 安全的生产力作用。表现在如下方面：第一，员工的安全素质就是生产力。由于劳动力是生产力，劳动力安全素质的提高，使劳动力的直接和间接的生产潜力得到保障和提高，因此，围绕员工安全素质提高的安全活动（安全教育、安全管理等）具有生产力意义。第二，安全装置与设施是生产资料（物的生产力）的重要组成部分。生产资料是生产力，而安全装置与设施是生产资

料不可缺少的组成部分，因此，安全装置与设施是生产力的组成部分。第三，安全环境和条件保护生产力作用的发挥，从而体现安全间接的生产力作用。

第二节　应有的六大安全意识

一、红线意识

2013年，习近平总书记对安全生产工作的重要指示中指出："各级安全监管监察部门要牢固树立发展决不能以牺牲安全为代价的红线意识，以防范和遏制重特大事故为重点，坚持标本兼治、综合治理、系统建设，统筹推进安全生产领域改革发展。"

安全不能决定一切，但是能够否定一切！

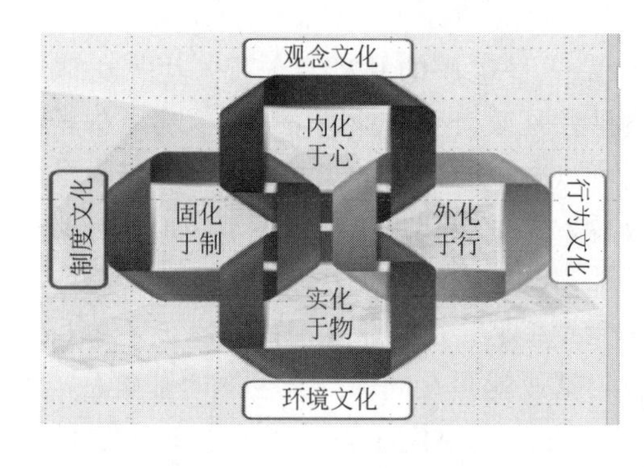

1. 理解含义

各级党委和政府、各级领导干部要牢固树立安全发展理念，始终把人民群众的生命安全放在第一位，牢牢树立发展不能以牺牲安全为代价这个观念。要大力实施安全发展战略，把安全发展作为科学发展的内在要求和重要保障，与转方式、调结构、促发展紧密结合，从根本上提高安全发展水平。

2. 认知领悟

习近平总书记的指示，催人警醒，意义深远，充分体现了党中央对保障人民生命安全的高度重视，深刻阐明了安全生产工作的极端重要性。为此，企业作为生产经营单位安全生产的主体责任方，要强化红线意识，实施安全发展战略，建立健全安全生产责任体系，建立科学的安全风险防控体系，构建安全生产保障的长效机制，不能"只顾生产，不管安全"；只算生产成本账，不投入安全；只问生产效率，不重视安全价值；只看重短期效益，不顾长远发展。

在企业层面，强化安全红线意识就是要倡导"安全是第一责任、第一效益、第一品牌和最核心竞争力"的理念，认识到"企业不消灭事故、事故就消灭企业”；在员工层面，强化安全红线意识就是要倡导遵守安全法规制度是最基本的社会公德和职业道德，是为自己、他人和家庭承担的最大责任等。

在社会、经济、技术的高速发展，安全价值理念的不断强化，生命认知的高度升华的背景下，我们需要从底线思维上升到红线意识，从发展为本上升到以人为本，从技术制胜上升到文化兴安。人们应该高度重视经济发展、技术进步“双刃剑”带来的安全风险和不良作用，不能再以牺牲生命和健康为代价来换取经济发展的高速、技术进步的提升以及暂时的物质文明和生活的舒适享受，而是需要珍视生命、怜惜健康，从生存权和以人为本的高度来认识安全问题，处理好安全与发展、安全与生活、安全与经济、安全与生产的辨证关系。

二、底线意识

习近平总书记在多次针对安全生产工作的讲话中，指出了安全“底线思维”要求：要坚持底线思维，增强忧患意识，提高防控能力，着力防范化解重大风险，保持经济持续健康发展和社会大局稳定。

底线就是：做最坏的打算，谋最好的结局！

1. 理解含义

要善于运用底线思维的方法，凡事从坏处准备，努力争取最好的结果，这样才能有备无患、遇事不慌，牢牢把握主动权。

安全是企业生产经营的底线，安全与应急工作要有“底线意识”，保底线就是保安全。

2. 认知领悟

① 突破底线就意味着事故。安全生产的“底线”是保障人身和财产安全，如果突破这条“底线”就会演变成安全事故。“亡羊补牢”的代价是羊的丢失，安全事故的代价是生命和财产的损失。要善于观察、认真分析、正确辨识，扎紧安全“篱笆”，严防事故隐患这只“恶狼”的进入。

② 底线意识是对安全的忧患意识。要保持底线意识，心里时刻有底线这个紧箍咒，不断增强坚守底线的坚定性、自觉性。可以设想我们处于哪些安全隐患的包围中，然后针对设想的安全隐患逐一进行排查，发现问题及时整改，把安全隐患彻底消灭在萌芽状态；可以带着问题开展安全检查，把安全形势考虑得复杂一些，把安全问题考虑得严峻一些，完善各类应急预案，做到有备无患，遇到安全突发事件，能冷静处理、积极应对，保障自身生命安全和最大限度降低安全事故带来的损失。

③ 做到合规合法就是守住底线。企业做到合规合法，员工做到遵章守纪，就是坚守安全生产底线。做到保住底线是安全生产的基本要求，坚守安全底线就是坚守对事故的防线，就是保住安全的生命线。

三、人本意识

“人本意识”就是要有“以人为本”“人民至上、生命至上”的理念。

1. 理解含义

人本意识就是要坚持以人民为中心的发展思想，把人民对美好生活的向往作为奋斗目标，依靠人民创造历史伟业。

人本意识首先是“依靠人”，在安全生产的体现就是人的因素放在第一位；其次是“为了人”，安全生产的目的和宗旨是保护人民生命和财产的安全，安全发展的成果人民共享。

2. 认知领悟

① 人本意识需要依靠人、重视人。事故致因的要素首先是人的因素，实现安全的要素，最重要的是人的因素。“人因为上”是安全生产的基本原理，主要体现在“人人有责，全员参与”。在安全系统的人、机、环、管各安全要素中，人的因素是第一位的。员工既是安全生产的主体——保护者，又是安全生产的客体——被保护者，人因是技术、环境、管理的变量因素，发挥决定性作用。人因不仅是根本的安全因素，而且是技术和管理效能的决定因素。所以，本质安全企业的创建，其重点是人的本质安全，这是企业安全生产保障的根本，是本质安全企业的关键特征。

② 人本意识要求为了人、保护人。安全生产的目的使命是多方面的，包括生命安全、财产安全、环境安全、保障社会稳定、促进经济健康发展等，但是，人的生命和健康的安全保障是第一位的，生命安全在一切事物中，必须置于至高无上的地位。因此，以人为本就要树立“安全为天，生命至上”的理念。

③ 人是企业安全生产的核心。人的因素在安全生产过程中，包括决策者、管理者和执行者。只有企业的决策者、管理者和执行者都具有正确的安全观念、足够的安全意识、充分的安全知识、合格的安全技能，人人安全素质达标，都能遵章守纪、按章办事、干标准活、干规矩活、杜绝“三违”，实现个体到群体的本质安全，才能保障企业真正做到安全生产。

④ 安全自我承诺是本质安全型员工的基本要求。企业安全中应有的安全承诺：

决策层的安全承诺：安全目标是企业的核心价值；安全业绩与生产经营业绩同等重要；安全生产所需资金优先考虑；执行安全生产法律、法规、标准、规范不折不扣；践行安全生产方针是班子每个成员的守则。

管理层的安全承诺：关注安全生产，人人有责；“我主管，我负责”；做先进安全文化的“传播者”和“实践者”；在管理业务中，时时处处“安全第一，安全优先”；以卓越的安全、健康和环保业绩提升企业价值。

执行层的安全承诺：“我要安全、我懂安全、我会安全、我为安全”；“安全第一，预防为主”从我做起；“零违章”是我的承诺和永恒的追求；严格实践“四不伤害——不伤害自己、不伤害他人、不被他人伤害、保护他人不被伤害”的行为准则；“安全法规和安全规程”至尊，保证落实在事事、处处、时时、刻刻。

四、责任意识

安全涉及人的生命、涉及经济的发展、涉及社会的稳定、涉及企业的效益，企业安全生产工作承担着保护人、促进经济发展、保障社会和谐的使命和任务。因此，安全生产责任重大。

党政同责，一岗双责，人人有责，失职追责，尽职免责。

1. 理解含义

安全责任，一是指员工分内应该尽到的安全义务和做好的安全工作，如履行安全职责、遵守安全规章、执行安全制度等；二是指如果没有尽到义务或未做好应做的工作，而要对导致的事故和造成的不利后果承担应有的责任，如承担行政、刑事、民事法律责任，接受责任的追究。一般把前一种责任称为积极责任，把后一种责任称为消极责任。

2. 认知领悟

① 责任心与责任意识是安全之魂，责任制是安全生产第一制度。安全责任是企业全体员工自身角色与岗位的基本职责，是每个人都应尽的安全生产义务。安全责任重大，重在落实，来不得半点差错，工作再忙，生产任务再重，也不能忘记安全。企业各级各类员工要有如下安全责任意识和理念。

企业负责人：安全责任重于泰山。

企业全员：知责-履责-尽责。

各级管理者：向上级负责、向下级负责、向自己负责。

一线员工：我的安全我负责、他人安全我有责、企业安全我尽责。

② 层层履责，人人尽责。企业应该建立从决策层到管理层，从管理层到执行层的安全生产责任体系。企业决策层、管理层和执行层，人人明确自己的安全生产责任，人人坚决履行岗位安全生产责任制度，共保企业安全生产。企业各级一把手是安全第一责任人；各部门管理者对业务内的安全负责；各岗位员工对生产过程的安全负责。通过责任传递和分担，构建全面责任体系。坚持以安全生产责任制为核心，制定好制度、标准和规范，落实好企业各级主要负责人、其他领导、职能部门及员工的安全生产责任，做好安全工作，完成保护自己、保护他人、保护企业的使命，为自己负责，为他人尽责。只有做到“安全生产，人人参与，人人有责”，才能构筑全面的、系统的生产安全事故防线。

③ 有岗必有责，上岗必守则。从管理人员到操作人员，从领导到员工“一岗一责”，层层传递压力、岗岗落实责任，实现安全生产。抓好安全生产工作，关键是落实责任。从夯实安全基础入手，抓基层、打基础，把岗位责任制逐级落实到每一个企业、车间、班组和岗位，层层签订目标责任书，严格遵守各岗位操作规范和行为标准。安全工作必须实打实、硬碰硬，既报喜又报忧，不能搞形式主义、做表面文章。对安全事项，要做到条条有记录、项项有交待、件件有着落、事事有回音，确保有岗必有责，上岗必守责，真正把岗位责任制落到实处。

五、共享意识

世间每一个自然人、社会人，无论地位高低、财富多少，都需要和期望自身的生命安全健康，都需要安全生存、安全生活、安全生产、安全发展。

习近平总书记基于对人类社会战争与和平历史进程规律性的准确把握，以及对总体国家安全观的论述，对人类文明坚持共建共享的思想，为建设一个普遍安全的世界提供了中国方案，即“人类命运共同体意识”。

安全人人参与，安全人人共享！

1. 理解含义

安全需要人人参与，安全造福人人共享。企业为员工提供安全生产和生活环境与条件，需要企业全体员工共同分享，共同参与，共同实施安全策略、落实安全责任、执行安全制度、创建安全氛围、实现安全生产，共享安全带来的平安、幸福、快乐。

2. 认知领悟

① 党政工团齐抓共管。党支部把安全生产管理纳入日常工作重要内容，

每月召开支部专题会议，研究安全生产问题；加强安全生产宣传教育，加强思想政治工作，积极开展“党员身边无三违”“一个党员一面旗帜”“我为安全献计献策”等活动，营造良好的安全氛围；建立党政一把手谈心制度，对主要岗位工作人员、现场管理人员由单位主要领导逐人进行谈心，及时掌握思想动态，确保牢固树立安全生产理念；作风督导组认真细致开展工作，对重点关键生产部门、特殊工种持证上岗等情况进行监督检查，发挥党组织抓安全的优势作用；工会以维护员工安全生产十项权利和抓好班组建设为重点，充分发挥群监员的作用，积极组织开展“安康杯”竞赛、安全演讲到区队、安全知识有奖竞赛和家属协管员“献爱心”等活动，使安全工作深入人心。

② 人人尽责，合作共赢。安全工作需要不同岗位、流程、环节的员工互相配合、互相支持、互相补位、共同参与；同时，在生产的组织过程中，任意一个细节的疏漏，都会造成生产上的错误，从而导致事故灾难。只有人人尽责、岗位联合、部门配合，齐抓共管做好安全工作，创建本质安全型企业，才能有效预防事故的发生，实现安全生产，才能使企业全体员工共享安全发展和安全生产带来的身体、精神和物质上的享受。

③ 人人都是安全人，人人都是安全员。社会人，无论作为公民还是市民，人人都有做安全人的理念，做安全人的能力，做安全人的行为。具体体现在人人自觉安全、能动安全，在生活、工作、学习、消费、娱乐、旅游等过程中，能够意识风险、注意安全、主动安全，做到时时、处处“想安全、要安全、做安全、成安全”；企业员工，人人都是安全员，人人参与管安全。“人人都是安全员”就是倡导全体员工参与企业安全生产管理，人人都有监管、监督生产过程安全的权利。全体员工自律自觉，实现从“要我安全”转变到“我要安全、我懂安全、我管安全、我做安全、我保安全”。“人人参与管安全”就是要充分发挥企业员工的安全主人翁意识，把“自保、互保、联保”的管理理念灌输到每一位员工的思想当中，使每位员工都积极行动起来，共同承担风险、共同履行义务、共同接受安全考核，从而增强安全责任、提高安全自我防范技能、规范自身安全行为，实现避免事故及降低风险的目的。只要做到人人明确责任，人人参与安全，班组就能完成安全生产任务，企业就能实现“零事故”安全生产目标。只有不发生事故，不发生伤害，才能保证全体员工生命和财产安全。

六、自律意识

意识决定行为，行为表现素质，素质决定命运。自律意识是先进的安全意识，优秀的安全意识，应有的安全意识。

自律意识决定安全的成败！

1. 理解含义

自律意识就是要严以律己，自律遵规，做到敬畏安全、敬畏生命。每个员工要从他律到自律，从他责到自责，从被动安全到主动安全，从要我安全到我要安全。

人的安全意识不是与生俱来的，只有通过长期的、科学的、系统的安全教育和文化熏陶，才能改变思想认知，改善心智模式，强化安全意识，筑牢思想上的安全防线；安全行为的养成也并非一朝一夕就能做到，它需要每个员工从自身做起，坚持不懈地用安全规章标准严格地规范自己的作业行为，把自己真正培养成“想安全、要安全、学安全、会安全、做安全、成安全”的本质安全型员工。

管理监督让想违规的人不敢，文化使有机会违规的人不愿。

2. 认知领悟

① 自律意识从自我安全承诺开始。安全承诺是企业领导者、管理者对保护员工安全健康、保障企业安全生产目标所涉及的安全法律法规、安全制度规范和安全生产绩效等要约的同意，以及员工对自己的安全责任的履行和安全生产制度及操作规程遵守等做出的自我保证。承诺是态度，更是心理的认知和行为的遵守。班组作为企业最基本的单位，从班组长到班组安全员、到员工，从管理者到操作者，人人都应做出应有的安全承诺。

② 班组长的安全承诺。班组长的安全承诺是指对保护班组员工生命安全健康、保障班组安全生产目标所涉及的安全法律法规、安全制度规范和安全生产绩效等要约的同意，以及班组长对自己安全责任的履行和安全生产制度及操作规程遵守等做出的保证。具体表述是：

- “我主管，我负责”，安全指挥，严细认真；
- 以身作则，做安全生产的忠实践行者；
- 关注员工身心健康，保证企业安全运转；
- 做先进安全文化的“传播者”和“实践者”；
- 在管理业务中，时时处处“安全第一，安全优先”；
- 企业效益最重要，安全生产第一条；
- 一个繁忙的日程绝不能成为忽视安全的理由；
- 质量是企业的生命，安全是员工的生命；
- 为了你和我的幸福，处处时时注意安全；
- 群策群力科学管理，戒骄戒躁杜绝事故；
- “有情领导、无情管理”，做先进安全文化的“传播者”和“实践者”；
- 做到“三个第一”——第一时间、第一思考、第一件事上考虑安全；

• 安全生产你管、我管、大家管才平安，事故隐患你查、我查、人人查方安全；

• 认真贯彻执行国家及上级的安全生产和劳动保护的方针政策、法律法规、规章制度、安全规程；

• 认真贯彻“安全第一、预防为主、综合治理”的安全方针，对本班组的健康、安全和环境保护工作负第一领导责任；

• 时时、事事严格执行“三个毫不”——毫不含糊地抓安全、毫不留情地追究安全责任、毫不动摇地落实安全规程。

③ 员工安全承诺。班组员工安全承诺是指对保护员工自身生命安全健康、实现班组安全生产目标所涉及的安全制度规范、安全行为规范和安全生产绩效等要约的同意，以及员工对自己安全责任的履行和安全生产制度及操作规程遵守等做出的保证。具体表述是：

• 无论何时、何处、何事，决不违章；

• 我要安全、我懂安全、我会安全、我保安全；

• 保护他人，就是保护自己；

• “我要安全、我懂安全、我抓安全、我保安全”；

• “安全第一、预防为主”从我做起；

• “安全规章制度”至上，克服侥幸心理，自觉抵制习惯性违章；

• 严格实践“四不伤害”——我不伤害自己，我不伤害他人，我不被他人伤害，我保护他人不受伤害；

• 我承诺时刻保持先进，做到思想“零隐患”、动作“零违章”；

• 遵章守纪，严格自律；

• 主动学习，增强安全技能；

• 自我管理，提高安全素养。

④ 班组安全员安全承诺。班组的安全管理工作，光靠班组长一人是不够的，班组必须有专（兼）职安全员。在生产作业现场，很多工人都亲密地称安全员为“班组安全工作的保护神”，可见班组安全员在班组安全管理中发挥的重要作用。具体表述是：

• 认真贯彻执行国家安全生产的方针、政策、法令及各项安全生产标准、规程、规范和制度。

• 参加生产安全管理工作，协助解决存在的问题。

• 努力做好新工人、外来学习和培训人员的入厂安全教育及考核工作。

• 做好各种特殊设备的台账，监督、检查特殊设备的维护、校验和检定情况。

• 做好对特殊工种的管理工作，定期对特殊工种进行安全教育。监督、检查特殊工种的技术培训、考核和取证工作。

● 参加定期或不定期的安全生产检查工作，检查各岗位安全生产情况，调查安全隐患，提出改善安全工作的意见和措施，督促有关人员及时解决检查中发现的问题。

● 参加各项基建、技术改造工程的设计审查，审定安全技术措施，参加各项基建、技术改造工程的竣工验收，审查安全技术措施的执行情况。

● 参加生产事故的调查，按照“三不放过”原则分析事故原因，追查事故责任，并提出处理意见。按照主管部门有关要求，及时上报事故情况，监督、检查各班组事故上报工作。

● 做好车间要求的生产安全管理、事故管理的各种数据的统计报表工作，按要求上报、检查统计报表工作。

● 按照上级有关规定，审核劳动保护用品和职业健康保健品的发放标准。

第三节　必要的六大应急意识

应急意识是应急文化体系中的灵魂和精髓，深刻反映人和组织对于事故灾害应对的价值理性。在应急文化中，观念文化处于基础性、支配性的地位，它从意识形态方面影响人们的应急行为，体现社会、组织和个人的应急价值取向和行为理念。

一、预备意识

应急管理的基本方针是：常备不懈、防救结合、平战结合、及时高效、精准施策！因此，常备不懈是应急管理的关键。

应在事中，急在事前！宁愿终身不用，不能一时没有！

1. 理解含义

预备意识是指对可能发生的事故，预先做出准备的意识。应急预备就是为迅速、有序地实施事故应急响应提供预先的方案、物质、装备、器材等准备。

应急预备是人们应急能力的具体体现。

2. 认知领悟

① 应急预案的预备。应急预案包括：综合预案、专项预案和现场处置方

案。应急预案确定了应急救援的范围和体系，使应急管理不再无据可依，无章可循，尤其是通过培训和演练，可以使应急人员熟悉自己的任务，具备完成指定任务所需的相应能力，并检验预案和行动程序，评估应急人员的整体协调性；应急预案有利于做出及时的应急响应，控制和防止事故进一步恶化，应急行动对时间要求十分敏感，不允许有任何拖延；应急预案预先明确了应急各方职责和响应程序，在应急资源等方面进行先期准备，可以指导应急救援迅速、高效、有序开展，将事故造成的人员伤亡、财产损失和环境破坏降到最低限度。

② 应急物资的预备。应急物资的储备和准备是体现应急能力的重要方面。充分的应急物资准备是应急救援的基础。

③ 应急能力的预备。应急演练是提高应急能力的重要手段。应急演练的意义：一是提高应对突发事件的风险意识。开展应急演练，能促使员工在没有发生突发事件时，增强应急意识，主动学习应急知识，掌握应急知识和处置技能，提高自救、互救能力，保障其生命财产安全。二是检验应急预案的可操作性。通过应急演练，可以发现应急预案中存在的问题，在突发事件发生前暴露预案的缺点，验证预案在应对可能出现的各种意外情况方面所具备的适应性，找出预案需要进一步完善和修正的地方。三是增强突发事件应急反应能力。通过接近真实的亲身体验的应急演练，可以提高各级领导者应对突发事件的分析研判、决策指挥和组织协调能力；可以帮助应急管理人员和各类救援人员熟悉突发事件情景，提高应急熟练程度和实战技能，改善各应急组织机构、人员之间的交流沟通、协调合作；可以让公众学会在突发事件中保持良好的心理状态，减少恐惧感，配合政府和相关部门共同应对突发事件，从而有助于提高整个社会的应急反应能力。

二、减灾意识

绝对安全、绝对不发生事故的现实是不存在的。因此，每个员工都应有“减灾意识”，在防灾的前提下，还需要减灾、抗灾、御灾的意识和能力。

防救结合、平战结合、及时高效、精准施策！

1. 理解含义

减灾意识是安全意识的组成部分。减灾意识就是人们对减少灾害、损害的思想认识和理念认识。由于现代生产、生活过程中客观存在的危险和风险，事故灾害发生的不可避免性和可能性，任何组织和个人在防灾意识的基础上，还都应具有减灾意识，为事故灾害发生时做出应对、处置、救援提供观念文化、精神动力和智力支持。

2. 认知领悟

① 要有“应在事中，急在事前”的观念。防御与预备是应急管理的灵魂。企业和员工应该树立如下应急观念或具有如下减灾意识：一是“以人为本，科学谋划，安全为天”“明者见于未萌，智者危于无形”“思其危则安，忘其危则危”“居安思危，思则有备，有备无患”“共谋、共建、共担、共享”的应急管理理念；二是“常备不懈、平战结合、及时高效、精准施策”的应急方针；三是“人民中心、生命至上、责任当担”的应急使命；四是“应急为了人民、应急服务人民、应急依靠人民”“分类应对、分区防控、分级响应、分步实施、分层监管、科学精准”“人命关天，责任如山”“官以安为责，有责则成，企以安为本，有本则赢；业以安为术，有术则灵”的应急观念；五是“无急可应、无危可治、无险可保、无损可控、无伤可救、无害可避”的应急追求；六是“求全、求实、求用、求精、求效”的应急预案观念；七是“宁可一世不用，不可一时没有”的应急器材观念；八是“平时千滴汗，战时不流血”“自动、互动、能动、机动”的应急演练观念；九是“统筹规划、集中指挥、协同行动、下报上应、内外结合、协调一致”的应急机制观念；十是“充分、充足、充实”的应急物资观念。

② 新时代的减灾意识及观念。新时代需要从传统应急观念转变为现代应急观念。一是变“革命精神”为“科学精神”，要有科学应急的观念，精准应急、有效应急；二是要变“要我应急”为“我要应急”“我会应急”，做到能动应急、主动应急；三是变敏感预备成本为注重应急价值，树立“成本没有价值重要”的观念；四是从仅凭技术制胜到注重文化引领的转变，变重视事后救援为重视事前预备；五是从形式应急到实质安全，从就事论事到系统减灾，从经验型管理到科学型治理，从被动责任到主动担责，变“事后追责”为“事前履责”，变“见义勇为”为“见义智为”，变“小应急”为“大应急”，变“分项（分类）应急”为“综合应急”，变“消”为主为“防”为主，变“被动出警”为“主动出警”，变“依靠政府专管”为“动员全民参与”，变“强调战时”为“平战结合”等。

三、风险意识

应急风险是突发事件应急处置过程中客观存在的，防范应急风险，避免事故的“二次灾害、次生灾害”，是应急管理应有的风险意识。

1. 理解含义

应急风险是指应急救援人员、消防指战员在应急救援过程中面临的各种危险和生命风险，如不冒着危险就不能履行其职责，没有勇敢献身精神就不可能完成救灾任务，但应急救灾过程中也要尽力避免和减少无谓的牺牲，千方百计地把这种牺牲降到最低限度，这是应急救援人员应有的应急风险意识。

2. 认知领悟

① 强化“自我防护”意识。要充分认识应急救援任务面对的各种风险。由于事故灾害发生的突发性和紧急性、类型和形式的多样性和复杂性以及处置应对的复杂性、毒害性、危险性，在抢险救援和处置的任务中，参战的指战员受到意外伤亡的概率大、后果严重，导致生命安全风险高。近年来，在我国发生的危险化学品事故、矿山事故应急抢险过程中，多次导致消防人员和抢险人员的重大伤亡，就证明了应急风险普遍较高的现实。因此，强化应急风险意识和认知，提升现代应急风险防范，有效防控应急过程的“二次灾害”，尽力降低应急伤亡扩大化，这是现代应急管理应有的风险意识。“自我防护”已是摆在当前各级指挥员面前一个无法回避的重大课题，所以我们要在指导思想上进一步明确加强“自我防护”的重要性。

② 提升应急救援过程中防风险的能力。应急救援过程常见的八大类风险及其防范措施：

a. 车辆出动过程的事故风险。在救灾往返途中，由于车辆带病出动、车速过快、精力不够集中、反应迟钝、行车路况不熟，或开特权车、“英雄车”，以及道路狭窄、路面冻滑、超速、方向失灵等原因引发交通事故，造成非战斗过程的人员伤害。

b. 应急现场浓烟、热气流毒害风险。由于建筑业木材、塑料、墙壁纸、地毯等材料在燃烧过程中产生大量的有毒气体和烟气，消耗掉大量的空气，如果排烟条件不好，有毒气体和烟气充满整个空间，造成缺氧或中毒，威胁消防救援指战员的生命安全。

c. 现场建筑物中陷落风险。如钢结构建筑坍塌、泥墙倒塌、空中掉落物多、消防电梯出现故障、人员误入室内竖井等。

d. 处置危险化学事故中的二次爆炸事故风险。危险化学品爆炸和泄漏事故是造成人员伤亡的“大敌”。爆炸发生之前，如果扑救人员不能撤离现场，就会造成严重的伤亡。

e. 油罐火灾的二次爆炸或沸溢风险。油罐发生火灾速度快，燃烧猛，扑救难度大。一是着火罐容易变形坍塌，邻近罐在高温辐射热作用下容易发生爆炸，液体流淌火如果处置不到位，都会造成人员伤亡。二是在扑救一些重油罐火灾过程中，可能因为在大量灭火用水喷射或油罐底层水在高温作用下，达到沸腾程度转化为气体时，能突然发生外溢与喷溅而导致人员伤亡。

f. 人员防护装具故障导致的伤害风险。消防指战员配备必需的防护装具是确保自身安全和灭火抢险救援工作的需要，但往往由于平时对防护装具疏于保养，加上训练不扎实和操作不当等原因，导致伤亡。

g. 火场抢险过程的“爆燃”事故风险。爆燃是指当一个房间内充满可燃气体或处于阴燃状态，在打开门窗的瞬间进入大量的空气，遇火源而发生爆燃。虽然只是一瞬间，但对人的安全造成很大威胁，常常造成重大人员伤亡。

h. 现场电气设施隐患导致的触电风险。在火场上应该考虑所有的电线和生活用的电气设备都是危险的。因为，电流通过人体能使心脏肌肉强烈萎缩，中止呼吸，能使人体的器官被烧毁。许多场合消防队高空作业时，在电器设备火灾或电气设备附近灭火，由于接触电流而死伤。

四、保险意识

保险，给我们雪中送炭，给我们锦上添花，让我们在“失去后”获得经济补偿，让我们在“得到后”加固安全系数。保险是对自己未来生活的一份保障，是对意外过后给予家人的一份责任，是对我们自己晚年生活的一份关怀，是对自己子女成长的一份爱护，也是对自身财产的一份保全。

保险是健康时的未雨绸缪，能在患病时雪中送炭！
保险是平常时的居安思危，能在遭遇事故时补偿慰藉！
保险是黑发时的睿智预见，能在青春过后白发从容！

1. 理解含义

在安全生产领域，有两种基本的安全保险：

① 一是工伤保险。工伤保险，又称职业伤害保险，是指劳动者在工作中或在规定的特殊情况下，遭受意外伤害或患职业病导致暂时或永久丧失劳动能力以及死亡时，劳动者或其遗属从国家和社会获得物质帮助的一种社会保险制度。

② 二是安全生产责任险。安全生产责任险，简称“安责险”，是生产经营单位在发生生产安全事故以后对死亡、伤残者履行赔偿责任的保险，对维护社会安定和谐具有重要作用。对于高危行业分布广泛，伤亡事故时有发生的地区，用责任保险等经济手段加强和改善安全生产管理，是强化安全事故风险管控的重要措施，有利于增强安全生产意识，防范事故发生，促进地区安全生产形势稳定好转；有利于预防和化解社会矛盾，减轻各级政府在事故发生后的救

助负担；有利于维护人民群众根本利益，促进经济健康运行，保持社会稳定。

2. 认知领悟

① 工伤保险的认定。劳动者因工负伤或职业病暂时失去劳动能力，责任在个人或企业，一般会享有社会保险待遇，即补偿不究过失原则。员工有下列情形之一的，应当认定为工伤或视同工伤：a. 在工作时间和工作场所内，因工作原因受到事故伤害的；b. 工作时间前后在工作场所内，从事与工作有关的预备性或者收尾性工作受到事故伤害的；c. 在工作时间和工作场所内，因履行工作职责受到暴力等意外伤害的；d. 患职业病的；e. 因工外出期间，由于工作原因受到伤害或者发生事故下落不明的；f. 在上下班途中，受到非本人主要责任的交通事故或者城市轨道交通、客运轮渡、火车事故伤害的；g. 在工作时间和工作岗位，突发疾病死亡或者在48小时之内经抢救无效死亡的；h. 在抢险救灾等维护国家利益、公共利益活动中受到伤害的；i. 员工原在军队服役，因战、因公负伤致残，已取得革命伤残军人证，到用人单位后旧伤复发的。

② 安全生产责任险的主险责任。在保险期间内，被保险人的工作人员在中华人民共和国境内因下列情形导致伤残或死亡，依照中华人民共和国法律应由被保险人承担的经济赔偿责任，保险人按照合同的约定负责赔偿：工作时间在工作场所内，因工作原因受到安全生产事故伤害；工作时间前后在工作场所内，从事与履行其工作职责有关的预备性或者收尾性工作受到安全生产事故伤害；在工作时间和工作场所内，因履行工作职责受到暴力等意外伤害；因工外出期间，由于工作原因受到伤害或者发生事故下落不明；在上下班途中，受到交通或意外事故伤害；在工作时间和工作岗位，突发疾病死亡或者在48小时之内经抢救无效死亡；根据法律、行政法规规定应当认定为安全生产事故的其他情形。

五、预警意识

预防为主是安全生产的基本方针，事故监测预警是应急工作的重心。预想、预知、预测、警报、预警、预控是本质安全型员工应有的能力、要求和品行。

具有及时精确的预警，才能精准高效地应急！

1. 理解含义

预警顾名思义就是“预先发布警告”。比如事故预警、火情预警、台风预警，就是在事故、火情发生、台风来临前进行的预先警告和提醒。对事故防范提出超前的预告警报，是预防事故发生的重要策略和措施。

预警系统是指由能预先、准确地昭示事故风险前兆，并能及时提供警示的机构、制度、网络、举措等构成的系统，其作用在于超前反馈、及时布置、防风险于未然、防事故于预先，实现对事故的预防、预控。

2. 认知领悟

(1) 古人安全预警观。千百年来，我国古人总结出了许多安全预警观念：

① 居安思危，有备无患。出于《左传·襄公十一年》：“居安思危，思则有备，有备无患，敢以此规”“安不忘危，预防为主”。孔子说：“凡事豫（预）则立，不豫（预）则废”，即安全工作预防为主的方针。

② 防微杜渐。出于《后汉书·丁鸿传》。《元史·张桢传》中亦有“有不尽者，亦宜防微杜渐而禁于未然”。这就是我们常说的从小事抓起，重视事故苗头，即事故或灾害刚一冒出就能及时制止，把事故消灭在萌芽状态。

③ 未雨绸缪。出于《诗·豳风·鸱鸮》：“迨天之未阴雨，彻彼桑土，绸缪牖户。”尽管天未下雨，也需要修好窗户，以防雨患。这也体现了安全的本质论：重于预防的基本策略。

④ 久治长安。出于《汉书·贾谊传》：“建久安之势，成长治之业。”只有发达长治之业，才能实现久安之势。不仅对于国家安定是这样，生活与生产的安全也需要这一重要的安全策略。

⑤ 有备才无患。出于《左传·襄公十一年》：“居安思危，思则有备，有备无患。”只有防患未然时，才能遇事安然，成竹在胸，泰然处之。

⑥ 亡羊须补牢。出于《战国策·楚策四》：“亡羊而补牢，未为迟也。”尽管已受损失，也需想办法进行补救，以免再受更大的损失。古人云：“遭一蹶者得一便，经一事者长一智。”故曰：“吃一堑，长一智。”“前车已覆，后未知更何觉时”谓之“前车之鉴”。这些良言古训，不失为事故后必需之良策。

⑦ 曲突徙薪。出于《汉书·霍光传》：“臣闻客有过主人者，见其灶直突，傍有积薪。客谓主人，更为曲突，远徙其薪；不者，且有火患，主人嘿然不应。俄而家果失火，邻里共救之，幸而得息”只有事先采取有效措施，才能防止灾祸。这是“预防为主”之体现，是防范事故的必遵之道。

(2) 推行生产现场的事故风险分级预警。事故风险预警是指在事故发生之前，依据对危险因素的预判和风险的分析评估，以分级（红、橙、黄、蓝）方式，向相关部门或人员发出紧急的信号，报告危险的状态和可能的事故，以避免危害在不知情或准备不足的情况下发生，从而最大限度地减轻危害所造成损失的行为。在生产工作中要做到警觉、警报、警惕，一旦观察到事故发生的前兆，要立即向上级反映，使在场人员能够尽快撤离，将人员伤亡和财产损失降到最低。

六、急救意识

工业化国家的统计资料表明：有效的应急救援体系可以将事故的损失降低到无应急体系的6%。事实上，应急救援体系的建立与有效运转不仅是社会文明的象征，也是国家综合实力的指标。有效的应急救援除了能迅速控制事态发展和减少事故以外，对预防事故有着重要作用，也有助于提高全社会的风险防范意识，同时是重大危险源控制系统的重要组成部分。

自救互救是应急救援的要义！人人学急救，急救为人人！

1. 理解含义

急救或应急救援，是指在事故发生现场，在专业医疗救护人员未到时，给予现场伤患人员紧急救护的措施。急救以抢救生命为原则，要充分体现“时间就是生命”。急救的目的第一是救助生命，第二是防止伤势和病情恶化，第三是使伤者或患者得到适当的救护。

急救应从现场开始，第一时间、第一目击者非常重要。急救可以自救，更需要互救。急救时，应优先解决危及生命和其他紧急问题。

应急救援的目的是通过有效的应急救援行动，尽可能地降低事故造成的危害，包括人员伤亡、财产损失和环境破坏等。

2. 认知领悟

（1）现场急救的原则。生产过程中应急救援主要针对事故灾害与未遂事件发生之时。重大事故往往具有发生突然、扩散迅速、危害范围广等特点，因而决定了应急救援行动必须做到迅速、准确和有效。

① 迅速。建立快速应急响应机制，迅速准确地传递事故信息，迅速地召集所需的应急力量和设备、物质等资源，迅速建立统一指挥与协调系统，开展救援活动。

② 准确。有相应的应急决策机制，能基于事故的规模、性质、特点、现场环境等信息，正确预测其发展趋势，准确地对应急救援行动和战术进行决策。

③ 有效。应急救援行动的有效性很大程度上取决于应急准备的充分性，包括应急队伍的建设与训练，应急设备和物质的配备与维护，预案落实情况，以及有效的外部增援机制等。

（2）急救人人参与、人人需要。急救知识和技能对员工来说十分实用，能增强员工应对突发事件的能力，保证伤患得到及时救助，提高企业生产的安全性。现场急救可以有效避免、减少或减轻人员的伤亡。掌握正确的逃生、自救、互救、急救的知识和技术，能够在遇到危险时，给自己和他人一份生存的希望。事故、灾害或事件主要包括工业事故、自然灾害以及发生在城市生命线、重大工程、公共活动场所、公共交通等领域的突发事件。应急救援需要及时、正确地处置和救护，对于人员伤害可以为医院救治创造条件，能最大限度地挽救生命，减轻伤残。在生产安全事故发生现场，“第一目击者”对事故现场处置和伤员救护至关重要。

第二章 我要安全——立理念

安全理念是指人们对安全的理性意识、正确观念、科学认知的集合。

意识的要义在于：知我不知——从无知到有知；

观念的要义在于：知我知之——从有知到须知；

理念的要义在于：不知我知——从须知到理知。

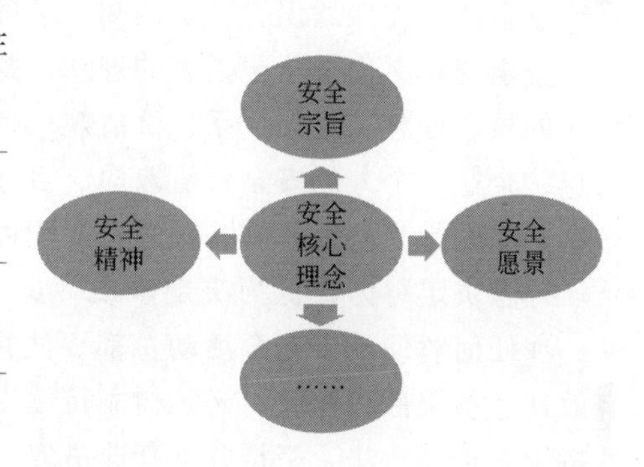

第一节 认识观念理念的重要性

一、安全认知的规律性——从观念到理念

观念，是认识的表现，思想的基础，行为的准则。它是方法和策略的基础，是行动艺术和技巧的灵魂。进行现代的安全活动，需要正确的安全观指导，只有对人类的安全态度和观念有着正确的理解和认识，并有高明的安全行动艺术和技巧，人类的安全活动才算走入了文明的时代。

理念，就是价值观，是在安全方面衡量对与错、好与坏的最基本的道德规范和思想，对于企业来说它是一套系统，应当包括核心安全理念、安全方针、安全使命、安全原则以及安全愿景、安全目标等内容。安全理念绝非一句简单的口号，而是企业安全文化管理的核心要素。

从观念到理念，是由感性上升到理性，由主观性个人层面内容上升到组织层面系统化的思维定律。由观念到理念要经过实践经验的验证，是一个螺旋式上升的过程。

二、安全理念的正确性——从理念到素质

安全文化的概念中，安全意识或理念是安全文化的精髓，理念决定行为，行为决定素质，素质决定命运。

精神价值是安全文化的主要内涵之一，精神价值是指内化于心的理念层面的安全观念、安全认识、安全思想、安全意识、安全态度、安全知识或能力的形态体系。意识和理念层面的精神价值是安全文化的核心，安全理念是人们应对突发事件的理性意识、科学认知、正确观念的集合。

安全理念文化具体包括人的理念、意识、态度、思维方式等，以及组织或企业的核心理念、理念体系、价值观、目标愿景等。安全理念文化体现在社会组织、企业及个人的安全价值取向、目标追求和行为理性中，从意识形态深处影响人们的行为，发挥着基础性、支配性和决定性的作用。

理念决定行为，行为决定素质。员工的安全理念和价值理性决定行为理性。在任何时期从事安全活动，都要注重安全理念和方法的科学性、持续性、有效性、系统性。为此，必须树立持续安全的理念，强调持续安全的理论，把握持续安全的方法，坚持并不断改进安全措施，做到安全警钟长鸣。

三、安全素质的重要性——素质决定命运

安全素质是安全生理素质、安全心理素质、安全知识与安全技能要求的总和，其内涵十分丰富，主要包括安全意识、法制观念、安全技能知识、文化知识结构、心理应变能力、心理承受适应性能力和道德、行为约束力。安全意识、法制观念是安全素质的基础；安全技能知识、文化知识结构是安全素质的重要条件；心理应变能力、心理承受适应性能力和道德、行为约束力是安全素质的核心内容。三个方面缺一不可，相互依赖，相互制约，构成人员安全素质。

素质决定命运，对安全的冷漠与无知，是诸多事故的根源。高安全素质和技能的从业人员，是保证生产经营活动安全进行的前提。

安全素质决定了企业安全水平和发展方向。只有提高人的安全素质，让每一个人做到由“要我安全”到“我要安全”，直到“我会安全”的转变，推动

安全生产与经济社会的同步协调发展，使人民群众的生命财产得到有效的保护，企业才能在“以人为本”的安全理念中走上全面协调的可持续发展之路。

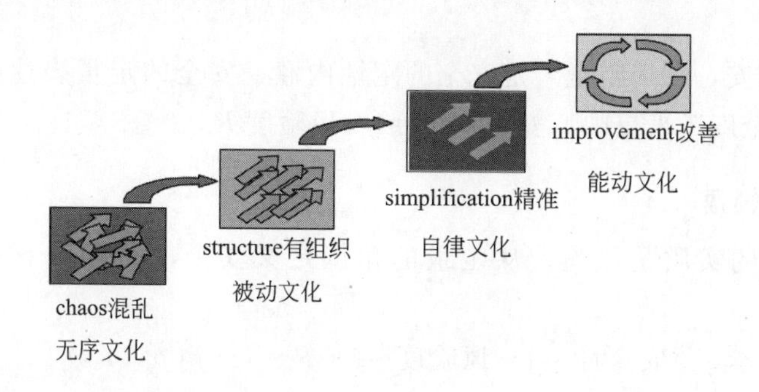

第二节　树立八大安全观念

无数血的教训和企业安全生产工作的经验告诉我们，企业各级领导、安全管理人员牢固树立科学安全生产观念，深挖发生事故和出现隐患的思想根源，强化科学的、现代的安全管理制度至关重要。安全生产科学观念就是要通过认清安全生产的自然规律，建立科学的安全生产观念，保障企业安全生产。

打造本质安全型员工，企业应该让员工建立起如下八大观念体系：安全观、预防观、价值观、效益观、效率观、成本观、科学观、系统观。

一、正确的安全观

人以安为命，有命则生！民以安为天，有天则远！国以安为基，有基则稳！家以安为吉，有吉则福！企以安为本，有本则赢！业以安为术，有术则灵！官以安为责，有责则成！

没有安全，就没有一切！安全不能决定一切，安全可以否定一切！

安全公理：
人人需要安全

- 人以安为命，有命则生！
- 民以安为天，有天则远！
- 国以安为基，有基则稳！
- 家以安为吉，有吉则福！
- 企以安为本，有本则赢！
- 业以安为术，有术则灵！
- 官以安为责，有责则成！

1. 理解含义

安全有多种表述：安全是人类防范生产、生活风险的状态和能力；安全指免除了不可接受的损害风险的状态；安全指没有危险、不受威胁、不出事故，即消除能导致人员伤害、疾病、死亡，或造成设备财产破坏、损失，以及危害环境的条件和状态；安全是指导致损伤的危险程度在容许的水平，受损害的程度和损害概率较低的通用术语。

“无危则安，无损则全”是安全的定性内涵，安全的定量表达则用“安全性”或“安全度”来反映，安全度 $S=1-$风险度 R，$0\leqslant S\leqslant 1$。

2. 认知领悟

① 安全的实质是风险。从定量的角度定义安全，具有如下基本的数学模型：

$$\text{安全性}=1-\text{风险度}=1-R=1-f(p,l)$$

式中 p——事故发生的可能性或概率函数；

l——事故后果的严重程度或严重度函数。

$$\text{事故概率函数 } p=F(\text{人因},\text{物因},\text{环境},\text{管理})$$

$$\text{事故后果严重度函数 } l=F(\text{时机},\text{危险},\text{环境},\text{应急})$$

式中，时机是事故发生的时间点及时间持续过程；危险是系统中危险的大小，由系统中含有的能量、规模决定；环境是事故发生时所处的环境状态或位置；应急是发生事故后应急的条件及能力。

由上述风险函数及其概率和严重度函数可知，风险的影响因素，或称风险的变量，同时也是安全的基本影响因素，涉及人因、物因、环境、管理、时机、应急等，其中人、机、环境、管理是决定安全风险概率的要素。安全是可接受的风险，因此，从定量的角度，安全科学的实质就是要确定风险的可接受水平。

② 安全是相对的。相对性是安全的基本属性。安全的相对性是指安全生产工作创造和实现的安全生产状态和条件是动态、变化的，安全生产的程度和水平是以相应法规与标准要求、企业与行业的风险可接受水平存在的。安全没有绝对，只有相对；安全没有最好，只有更好；安全没有终点，只有起点。安全的相对性是由安全生产科学是发展的、技术是动态的、经济是有限的特点所决定的。因此，在特定时间、空间条件下，安全是相对的。事实上，绝对安全、风险等于“零”是安全的理想值，要实现绝对安全，由于受技术和经济的限制，常常是很困难的，甚至是不可能的，但是却是社会和人类努力追求的目标。无论从理论上还是实践上，人类都无法制造出绝对安全的状况，这既有技术方面的限制，也有经济成本方面的限制。客观上，人类的安全科学技术不能实现绝对的安全境界，只能达到风险趋于“零”的状态，但这并不意味着事故不可避免。恰恰相反，人类通过安全科学技术的发展和进步，在有限的科技和经济条件下，实现了“高危-低风险”“无危-无风险”“低风险-无事故”的安全

状态，甚至变“高危行业”为“安全行业”。

二、科学的预防观

员工在生产作业过程中要处处、时时有事故可能发生的意识，这是一种警觉意识，一种忧患意识，最终变为安全意识。

《周易》说：君子安而不忘危，存而不忘亡，治而不忘乱，是以身安而国家可保也。孟子也说：君子有终身之忧，无一朝之患也。生于忧患，死于安乐。这些都是人类生活、生存智慧的至理名言。

居安思危，思则有备，有备无患。隐患险于明火，防范胜于救灾！

1. 理解含义

预防就是指生产作业过程，事故要提前防备，在事故发生之前超前防控，所谓防患于未然。预防就是从事故的根源出发，以防控安全风险为抓手、为目标。

防范胜于救灾，宁可千日无灾，不可一日不防。预防是安全的根本，智者用别人的事故当作经验，愚者用自己的鲜血换取教训。

应急观念文化是指在企业应急管理过程中意识形态和精神层面的认知体系，包括员工个人的应急理念、意识、态度、思维方式等。企业员工最基本的应急观念应是“应在事中，急在事前”“隐患险于明火，防范胜于救灾”。

2. 认知领悟

① 预防是本质安全的重要特征。要高效、高质量地实现企业的安全生产，必须走预防为主之路，必须采用超前管理、预期型管理的方法，这是已被生产实践证实的科学真理。现代工业生产系统是人造系统，这种客观实际给预防事故提供了基本的前提。所以，任何事故从理论和客观上讲，都是可预防的。因

此，人类应该通过各种合理的对策和努力，从根本上消除事故发生的隐患，尽量减少工业事故的发生。采用现代的安全管理技术，变纵向单因素管理为横向综合管理；变事后处理为预先分析；变事故管理为隐患管理；变管理的对象为管理的动力；变静态被动管理为动态主动管理，实现本质安全化。这是我们应建立的安全生产科学观。根据安全系统科学的原理，预防为主是实现系统（工业生产）本质安全化的必由之路。

② 预防的核心就是防控安全风险。风险与安全是互补的关系，风险程度越低，安全程度越高；反之，越低。风险是指危害性事件或事故发生的可能性（probability）与其引起的伤害后果的严重程度（severity）的结合。它综合反映对生产过程中的危险和危害因素控制不当，使事故发生的可能性与后果严重性。风险有定性的含义，也有定量的含义。定性地讲，风险有高低之分，用风险的级别（红、橙、黄、蓝）来反映；定量地讲，风险程度可用风险值或指数水平来度量，可用有量纲的值来表述，也可用无量纲的值来表达。风险的大小、高低常常是相对的。风险包括来自技术的、自然的、人为的，以及上述三种因素组合的。比如，触电、坠落、物体打击、机械伤害、爆炸、交通事故等是来自技术因素（电器、机械、设备、物质等）的风险，地质灾害、气象灾害是来自自然因素的风险，火灾、坍塌、中毒、矿难等是多种因素组合的风险。防范不同特性风险的事故，有着不同的技术措施和对策方法。

③ 安全工作做到“高危-低风险”。危险与风险既有关系，也有区别。危险是客观的，比如，化工生产具有易燃、易爆的危险，冶金具有高温、高压的危险等。危险包括物理的、化学的、生物的。特定的行业所具有的生产设备和能量类型，决定特定的危险类型。但是，高危行业并不意味着必然承担高风险，如空运是人类高危交通运输技术，但是，它是低风险的技术；核电是人类最高危的发电技术，但是，它是低风险的技术等。之所以做到了“高危-低风险”，就是得益于安全对策和措施的科学与有效。

三、安全的价值观

安全对于不同阶层的人有不同的价值体现，从国家、企业、管理者、员工等不同对象和主体，安全都能体现出不同的价值。正确的安全价值认知是安全行为、安全工作的动力来源。

价值理性决定工具理性！

1. 理解含义

安全价值简单地说就是安全的意义和作用。安全生产对于国家、社会、企业和员工都具有特定的意义和作用。正确认知、全面理解、科学评价安全生产的价值和意义，对于做好安全生产工作，具有重要的作用。所谓：价值理性决定工具（行为）理性。

一般讲，安全的价值：一是权利——最基本的权利；二是财富——人生第一财富；三是幸福——平安是福；四是福利——最大的福利。没有安全就没有一切！

从经济价值的角度，安全投入不仅有减损的价值，所谓“减负为正”，还有增值的价值，即安全的经济贡献率。安全的增值能给企业创造良好的经济效益，而减损则能保障企业经济效益不遭受损失。所以，安全投入是投资而不是成本。

2. 认知领悟

① 应有安全的文化价值的认知。企业安全文化的价值，有着其深刻、特殊意义。企业安全文化作为职业安全、职业健康、劳动保护、生产安全等实体在观念形态上的一种反映，既抽象又具体，既有形又无形。企业安全文化往往表现为员工和企业的观念和意识、理念和态度、精神和情操、理论和智力、知识和素质、道德和品格，是社会的精神风貌与精神内蕴、组织的目标与愿景、人的品行与素养、价值尺度与价值取向的高度凝聚。企业安全文化是中华安全文化的重要组成部分。

② 用正确安全价值理性引导有效的安全工具理性。安全价值理性就是人们对于自身安全实践活动价值与意义的理性认知与自觉把握；安全工具理性就是人们基于安全功利目的驱使而创造的安全工具或选择的安全行为，反映了企业组织或员工选择安全策略、方法、工具和行动作为的经验和能力。在具体的安全生产领域，有了“以人为本、生命至上、安全发展、安全为天、责任如山、安全第一”的理性真理认知，就会采取“本质安全、智慧安全、善治安全、超前预防、标本兼治、系统防范、科学精准”的工具理性，摒弃形式主义、应付文化、突击式、运动式、以罚代管、以评代管等低能、低效的方式和方法。

③ 安全对国家的价值。安全是宪法及国家性质的本质要求；是“科学发展”的重要内涵；是“以人为本”的具体体现；是“中国梦”的基本要义；是社会进步与国家文明的基本标志；是国家安全和社会公共安全的基石；是政府行政监管的要求；是社会生产力发展的基础和条件；是人民安居乐业的保证和生活质量提高的前提条件。安全事关社会和谐稳定大局，关乎国家经济快速健康持续发展。

④ 安全对企业的价值。安全是生产经营准入的条件；是企业商誉的重

要组成；是企业参与市场竞争的基本要素；是企业生产持续发展的根本；是企业利润的组成部分。安全事关企业生存与发展，关系企业核心价值的实现。

⑤ 安全对官员和管理者的价值。安全是责任之所系——党政同责、一岗双责、齐抓共管、失职追责；是政绩之体现——事业发展之基、成功之实；是功德之标志——道义要求、功德无量；是廉政之关乎——事关清廉、规避腐败。

⑥ 安全对员工个人的价值。没有安全就没有个人的生存和发展，没有安全就没有员工家庭的幸福。对于个人，安全是1，而家庭、事业、财富、权力、地位都只是1后面的0，失去了安全这个1，就失去了生命和健康，后面再多的0都没有意义。生命对于每个人来说只有一次，安全就意味着幸福、康乐、效益、效率和财富。安全是人与生俱来的追求，是人民群众安居乐业的前提。人类在生存、繁衍和发展中，必须创建和保证一切活动的安全条件和卫生条件，没有安全，人类的任何活动都无法进行。人类是安全的需求者，安全也是珍爱生命的一种方式。这体现在：首先，安全条件下的生产活动和安全和谐的时空环境能够保障人的生命不受伤害和危害；其次，安全标准和安全保障制度能够使人的身体健康和心情愉悦；最后，安全具有人类亲情主义和团结的功能。每一个正常的社会人都期望生命安全健康，在安全应急水平满足要求的条件下，人们才能身心愉悦地幸福生活，其乐融融。

四、安全的效益观

长期以来，人们普遍认为：安全生产只有成本，没有效益，或者说安全是“负效益”。

其实，安全保障生产、减少损失，安全促进经营、创造效益，安全也是生产力，具有商誉价值。这些都是安全效益的体现。

安全的经济效益通过三个方面来体现：一是避免事故损失1∶>100；二是生产力要素贡献，体现在劳动力、工程技术、管理三要素的经济效益贡献率；三是安全的商誉作用，安全对企业市场信誉与无形资产的价值，比如安全对投标的影响、安全对融资市场的影响等。

1. 理解含义

效益有广义和狭义之分，安全的效益从广义来讲，包括多个方面，即安全效益包涵社会的、政治的、经济的多方面。安全是人权、安全是生命，安全有社会效益、安全有经济价值。我国《安全生产法》的立法宗旨表明，安全生产的宗旨：一是生命安全；二是财产安全；三是促进经济健康发展；四是保障社会稳定。因此，安全的效益是广泛的。

从狭义来讲，安全效益主要是经济的效益。安全经济效益：一是减少损失，二是实现增值。第一，安全效益是减轻或避免损失的效益，简称“减损效益”，即安全能直接减轻或消除事故或危害事件，减少对人、社会、企业和自然造成的损害，实现保护人类财富，减少无益消耗和损失的作用或功能，简称“减损功能”；第二，安全效益体现在保障安全生产条件和维护企业生产经营的效益增值过程，实现其间接的“增值作用或功能”。

2. 认知领悟

① 安全的生产力作用。安全的生产力作用可通过三大要素来体现：一是员工安全素质是生产力——人力资本是生产力；二是安全技术和工程是生产的保障——生产资料是生产力；三是安全管理是企业生产经营的组成部分——生产关系是生产力。国家针对安全经济效益分析的科学研究表明，安全生产对社会经济（国内生产总值，GDP）的综合（平均）贡献率是2.4%，有效的安全生产的投入产出比高达1∶6。

② 建立安全综合效益的经济观。实现安全生产，保护员工的生命安全与健康，不仅是企业的工作责任和任务，而且是保障生产顺利进行，实现效益的基本条件。安全就是效益，安全不仅能“减损”而且能“增值”。安全的投入不仅能给企业带来间接的回报，而且能产生直接的效益。安全经济学研究成果表明，安全的经济规律有：事故损失占GDP 2.5%；发达国家的安全投资占GDP 3.3%，我国现阶段占1.2%；事故直间损失比可达（1∶4）～（1∶>100）；合理条件下的安全生产的投入产出比是1∶6；安全生产的贡献率达1.5%～6%；预防性投入效果与事后整改效果的关系是1与5的关系；安全效益金字塔表明，系统设计考虑了1分安全性可带来系统制造时的10分安全性，而实现系统运行和使用时的1000分安全性。

③ 正确理解安全的商誉。商誉是指某企业的各种有利条件，或历史悠久积累了丰富的从事本行业的经验，或产品质量优异，或组织得当、服务周到，以及生产经营效益较高等综合性因素，使企业在同行业中处于较为优越的地位，因而在客户中享有良好的信誉，从而具有获得超额收益的能力。这种能力的价值便是商誉的价值。企业发生事故对其商誉产生巨大的影响，其商誉的损失＝商誉的价值×事故商誉的损失系数，对于重大或社会影响大的事故，商誉损失系数可以达到100%，即毁灭整个企业。

④ 安全与效益的事例。下面是安全付出与效益回报的事例：

a. 等红灯的时间成本与效益：1000次等红灯的时间成本挽回1次事故；

b. 汽车安全带的使用成本与效益：数百元+1分钟可减少42%的死亡概率；

c. 汽车气囊的成本与效益：数千元减少5%的死亡概率；

d. 个人收入的合理安全成本水平：年收入的5%左右用于安保；

e. 买保险的成本与效益：保险的最高境界是不保险；

f. 应急管理的成本与效益：应急的最高境界是不“应急”，是预防的成功！

五、安全的效率观

效率是智慧安全的要求和体现。有效率，才有效果，才可持续。

1. 理解含义

首先，安全是实现效率的必要条件。安全生产是现代企业的基本标准，要想提高企业生产效率，必须满足安全生产这个必要条件，其次，效率方面的一些问题，恰恰是因为安全做得不够好，影响了效率的提高，正所谓“欲速则不达”。安全生产的实践以及不胜枚举的事故教训告诉我们：由于不按照安全规定行事，发生了许多人员伤亡、设备返修、工程重建的事故，不但给企业造成了巨大的经济损失，降低了生产效率，而且还给个人、家庭带来了巨大痛苦。所以，只有一开始就保证安全生产，才是节约成本、提高效率的根本之举。

2. 认知领悟

预先安全效率最高，效果最好。

在安全生产的不同阶段进行安全投入所获得的效率不同，在系统设计阶段安全投入所获得的效率，等于在建设和制造阶段投入所获得的10倍，等于在运行和生产阶段投入所获得的1000倍，即系统设计阶段安全性=10倍建设制造阶段安全性=1000倍运行生产阶段安全性，如图2-1所示。

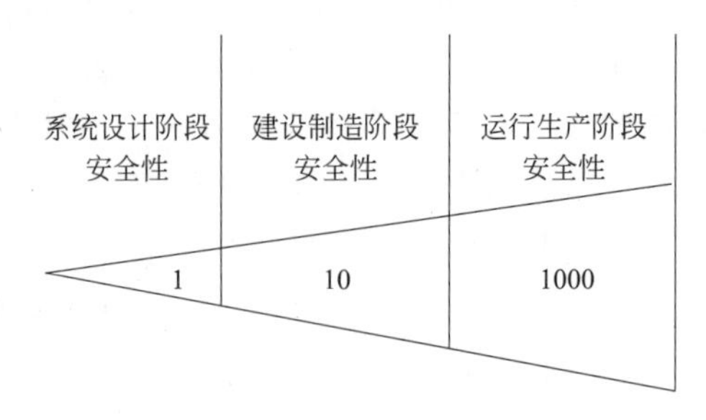

图2-1 安全效率金字塔

因此，安全工作要强调预先、源头、超前，具体的做法就是：

① 对于人员：加强初始培训，强化三级教育，坚持持证上岗等；

② 对于设备设施：力求设备本质安全，做到设计和用前安全许可，加强检测检验，推行设备完整性管理，对于安全设施做到“三同时”；

③ 对于业务和项目：强调安全规划，推行安全预评价，任何业务做到六预（预想、预知、预见、预报、预警、预控）；

④ 对于管理工作：推行安全管理体系，落实标准化建设，构建双重预防机制，运用安全绩效评价方法等。

ALARP（as low as reasonably practicable）准则是指风险控制的“最合理可行准则”，是风险分级管理的基本理论和原则，如图 2-2 所示。

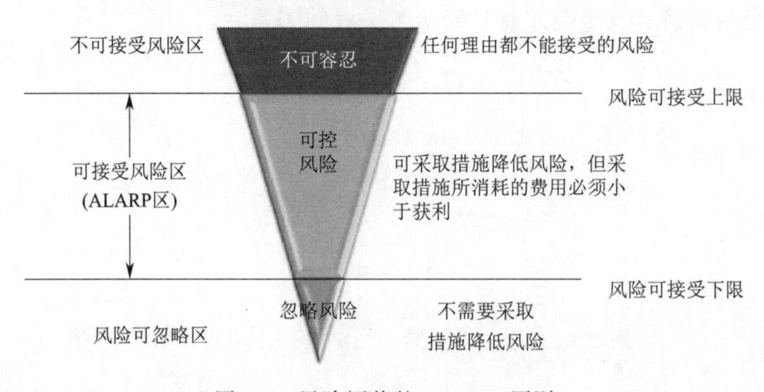

图 2-2　风险评价的 ALARP 原则

六、安全的成本观

安全成本是客观存在和必然需要的，企业安全生产成本＝管理成本＋技术成本＋企业内部损失成本＋企业外部损失成本＋不可预计损失成本等。

1. 理解含义

安全成本就是企业在生产经营过程中发生的与安全生产目标有关的所有费用之和，包括物化劳动成本和活动劳动成本。

第一，企业为保证安全生产首先支付的相关费用成本，如安全措施经费、安全管理和培训费等；第二，需要配置安全的专管人员，以及全员参与的安全工作时间成本；第三，事故发生造成损失的被动成本。安全成本贯穿于企业生产过程的始终。

2. 认知领悟

① 安全成本-效益定律。安全的“成本-效益”定律也称“罗氏法则”，是

指安全投入虽然增加了成本，但同时也能够创造效益，并且创造的效益大于成本本身。具体来说，1 分的安全投入，能够创造 5 分的经济效益，创造无穷大的社会效益，即安全“成本-效益”定律：1∶5∶∞，即合理有效的 1 元安全投入或 1 分的时间成本，具有 5 倍的经济效益回报，而能创造无穷大的社会效益和生命价值，如图 2-3 所示。这一定律是由中国地质大学（北京）罗云教授团队通过安全经济理论和实证研究的成果，揭示出的安全经济的效益规律。该定律的提出首次将我国企业安全生产投入和产出的关系用明确的数学比例表示，指出了安全投入、效益产出与生命之间的关系，为企业决策者认识安全效益的规律、特征和实质提供了科学、充足的理论根据。同时，通过对该规律的认识，能够科学理解安全成本的价值，重视安全投入，正确处理好安全与生产、安全与经济、安全与效益、安全与发展的关系。

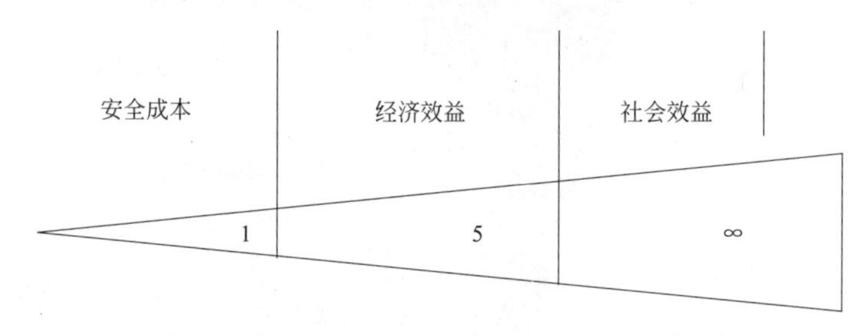

图 2-3　安全“成本-效益”定律——“罗氏法则”

② 事故损失是企业最大的成本。对于事故的经济损失，国外高达 2.5%的 GDP 占比，我国的相关研究表明，生产安全事故的直接经济损失占 GDP 的 1.01%，加上间接损失，每年约达 2 万亿元人民币，相当于我国一个季度农业总产值。不仅仅是经济的成本，生命、健康、工效、时间价值等都是企业发生事故带来的成本。

③ 事故的成本还可分别体现在公司层面和个人层面。对于公司，一是经济成本，民事赔偿死亡一人上百万，更有受伤不起造成的经济负担，同时还有政府对企业发生事故后的经济处罚，特大事故可高达 2000 万元；二是征信成本，行政责任追究：吊销执照、降低资质；三是效益成本：工效、工期、商业信誉；四是社会成本：社会责任的损害，企业社会形象的伤害等。对于个人，一是法律成本，刑事责任追究最高 15 年，特别的可至死刑；二是诚信成本：终身行业准入受限，社会诚信的档案记录；三是家庭成本：家庭的幸福、亲人的情感等。

七、安全的科学观

科学素质、科学观念是新时代员工的基本要求。本质安全型员工需要科学地认知安全的含义，正确地理解安全的科学内涵。

1. 理解含义

科学观念是人们尊重和爱戴科学，追求客观事物规律性的态度和思想。科学是关于外部世界发展和人的精神活动的知识体系，是客观规律的真实反映，是推动社会进步的动力。

安全科学观是现代人对安全、事故的科学认知、正确态度和先进文化。本质安全型员工应该具备对安全科学含义的理解、认识和把握。

2. 认知领悟

（1）安全本质是风险。安全的定量规律表明，安全取决于风险，安全本质是风险，安全定量的五大基本函数：

① 安全元函数：安全性 $S=F(R)=1-R(P,L,S)$

② 安全风险函数：$R=F(P,L,S)=PLS$

③ 事故概率函数：$P=F$（人因，物因，环境，管理）

④ 事故严重度函数：$L=F$（能量级，可能人员伤害，可能经济损失，可能环境危害，可能社会影响，应急能力）

⑤ 事故情境函数：$S=F$（时间，空间，系统，危害对象）

基于上述安全的定量规律，应该知道：风险与安全是互补的关系，风险水平决定安全水平，风险是衡量安全的尺度，风险最小化能够实现安全最大化。因此，一切安全措施的作用就是实现事故风险的防范和化解。

（2）安全具有相对性。安全的相对性是指人类创造和实现的公共安全状态和条件是动态、变化的，公共安全的程度和水平是相对法规与标准要求、社会与行业需要存在的。安全没有绝对，只有相对；安全没有最好，只有更好；安全没有终点，只有起点。

安全是相对的，表明安全不是瞬间的结果，而是对事物某一时期，相对安全是安全实践中的常态和普遍存在，因此应做到相对安全的策略和智慧，具体要做到：

① 要建立发展观念。安全相对于时间是变化和发展的，相对于作业或活动的场所、岗位，甚至行业、地区或国家，都具有差异和变化。在不同的时间和空间里，安全的要求和人们可接受的风险水平是变化的、不同的。

② 要树立过程思想。安全是相对的，危险是绝对的，生产过程中的任何作业都存在着包括人、机、环境、管理等方面的危险因素，如果未进行预知，不及时消除，就会酿成事故。这些事故的发生主要源于人的安全防范意识不够，对危险性缺乏认识。因此，预防事故的根源在于作业者本人安全防范意识

的增强和自我保护能力的提高，在于其能够积极、主动、自觉地去消除作业中的危险因素，克服不安全行为，即具备良好的安全素质。

③ 要具有“居安思危”的认知。安全是相对的，不同时期不同条件下，安全状态是不同的。因此，安全工作就需要“天天从零开始”的居安思危的认知，需要具有“安全只有起点，没有终点”的忧患意识。这样就会产生高度的责任感，高标准、严要求地去落实，做到“未雨绸缪”，把事故消灭在萌芽状态。

（3）智慧安全要求对安全风险科学分类、精准分级管控。这是指安全管理要对管理对象进行科学分类、精准分级管控，进行合理的匹配监管的模式和方法体系。为此，要遵循基于安全风险分级的监管原理和原则，实现安全生产管理和监督资源利用的最大化、监管效能的最优化，使安全生产监管工作合理、科学、高效。

基于风险分级的“匹配管理原理”要求实现科学、合理的管理状态，即应以相应级别的风险对象实行相应级别的管理措施，如对高级别风险的对象实施高级别的管理措施，如此分级类推。而两种偏差状态是不可取的：对高级别风险对象实施了低级别的管理策略，这是可怕、不允许的；对低级别风险对象实施了高级别的管理措施，这种状态可接受但是不合理。因此，最科学合理的方案是与相应风险水平相匹配的应对策略或措施。表 2-1 中给出了风险管理匹配原理的科学化、合理化的管控策略。

表 2-1　基于风险分级的安全监管合理匹配原理

风险分级	风险分级预控措施	风险分级监管或预控匹配规律			
		高	中	较低	低
Ⅰ(高)	不可接受风险：不许可、停止、终止；启动高级别预控，全面行动，直至风险消除或降低后恢复	合理 可接受	不合理 不可接受	不合理 不可接受	不合理 不可接受
Ⅱ(中)	不期望风险：全面限制；启动中级别预控，局部行动；高强度监管；在风险降低后许可	不合理 可接受	合理 可接受	不合理 不可接受	不合理 不可接受
Ⅲ(较低)	有限接受风险：部分限制；低级别预控，选择性行动；较高强度监管；在控制保障措施下许可	不合理 可接受	不合理 可接受	合理 可接受	不合理 不可接受
Ⅳ(低)	可接受风险：常规监管，常规预控，企业自控，在警惕和关注条件下许可	不合理 可接受	不合理 可接受	不合理 可接受	合理 可接受

管理者应有的十大安全科学观念：安全领导力是保障安全的第一要素；安全人人需要、人人参与、人人共享；安全工作是一项系统工程；安全发展是科学发展的重要内涵；技术是基础、管理是保障、文化是灵魂；安全意识决定成败；安全教育是终身教育；没有事故并不意味着安全；安全的本质是风险最

小；危险是客观的、风险是可控的、事故是可防的。

员工应有的十大安全科学观念：生命只有一次，健康损害不可逆；没有安全，就没有一切；没有事故，并不意味着安全；事故可预防，预防靠自己；我的安全我负责、他人安全我有责；安全意识决定成败，安全素质从观念开始；应急的最高境界是不应急，但我会应急；保险的最高境界是不保险，但我有保险；预想、预知、预警、预控成为一种习惯；不伤害自己、不伤害别人、不被别人伤害、让他人不受伤害。

八、安全的系统观

做好安全生产工作需要安全系统观念。安全系统观念、安全系统思想、安全系统治理是新时代安全智慧的体现。

1. 理解含义

安全系统是由人员、物质、环境、信息等要素构成的，达到特定安全标准和可接受风险水平的，具有全面、综合安全功能的有机整体。安全系统要素相互联系、相互作用、相互制约，具有线性或非线性的复杂关系。其中，人员涉及生理、心理、行为等自然属性，以及意识、态度、文化等社会属性；物质包括机器、工具、设备、设施等方面；环境包括自然环境、人工环境、人际环境等；信息包涵法规、标准、制度、管理等因素。

2. 认知领悟

安全系统治理的三个维度：

维度一（知识维）：从事故致因体系的角度，依据事故致因理论的4M要素理论，安全系统涉及四个要素，一是人的因素（men），二是物的因素（machine），三是管理因素（management），四是环境因素（medium）。

维度二（逻辑维）：从安全对策措施的角度，根据安全科学预防原理的3E对策理论，揭示出安全的三大对策措施，一是工程技术（engingeering，技防）对策措施，二是安全管理（enforcement，管防）对策措施，三是安全文化（education，人防）对策措施。

维度三（时间维）：从安全保障体系的角度，根据安全原理的3P方略理论，揭示出安全的保障体系有三个层次，一是事前预防（prevention）方略，二是事中应急（pacification）方略，三是事后惩戒（precetion）方略。

安全系统治理的战略体系如图2-4所示。

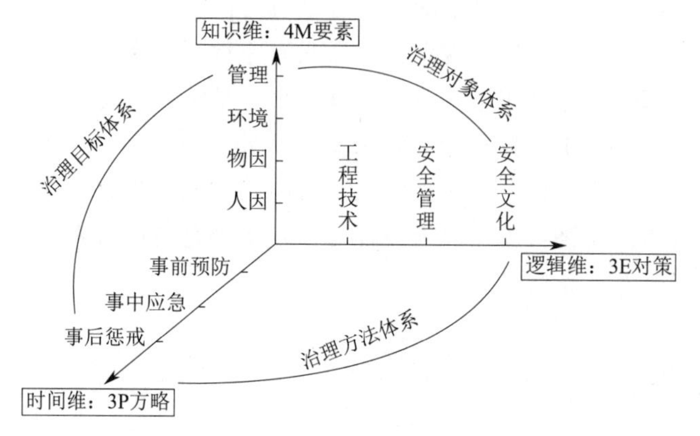

图 2-4 安全系统治理战略体系——“3E-3P-4M”体系

第三节 建立六大应急观念

有什么样的应急观念，就有什么样的应急行动。反过来讲，采取什么样的应急行动，则反映出有什么样的应急理念。观念决定思路，思路决定出路。

一、合理的生命观念

生命是创造人生幸福、价值的源泉和资本；生命是成长成才、实现理想的根本和基石；生命是智慧、情感、力量的唯一载体。没有生命，就没有一切！

生命只有一次，健康损害不可逆！生命不能自己选择，但是保护生命靠自己！任何人没有权力剥夺他人生命！

1. 理解含义

生命观，是人类对自然界生命物体的一种态度，是世界观的一种，包括对人类自身生命的态度。从人类历史发展整体看，生命观反映社会的文明程度和人类对自身的认识程度。

人的生命是特殊的存在，具有特殊的存在价值。这种特殊的存在价值表现在两个方面：一是人的生命相对于其他非人类生命而言具有特殊的价值，就是人具有其他生物所没有的认识和改造世界的功能；二是人类个体相对于人类其他个体而言，生命具有唯一性、独特性和不可替代性。因而所有人类的个体生命都是地球上唯一存在的，我们应该热爱和敬畏生命，因为这是个体用生命去创造所有可能性的基础。企业负责人应该担负保护员工生命的重任，员工应该珍惜自己的生命，社会人应该敬畏生命。

国家的发展遵循“生命至上”的原则。我国《宪法》中规定，人的生命权是人权中最基本、最重要的内容，得到法律的保护。毋庸置疑，人的生命价值高于一切，以人为本就是以人的生命为本，尊重人、关爱人、保护人、发展人。

2. 认知领悟

① 生命安全是安全生产的第一要求。生命价值高于一切，珍惜并爱护自己和他人的生命，是实现人生价值的第一要求。人的生命不是个人的私有财产，它承载着众多的社会义务和家庭责任，企业生产安全不仅关系到员工个人，还关系到一个家庭的幸福与美满。安全生产体现了科学发展观“以人为本”的本质特征，保护劳动者的基本权益，把一切工作的出发点、落脚点放在维护员工的生命安全上，正是落实科学发展观，实现企业可持续发展的具体践行。

② 让生命安全、让员工平安是企业的最大责任。人的生命只有一次，健康是人生之本。企业发展要依靠人，企业发展也是为了人，确保企业员工生命安全与健康是当代企业生存和发展的终极价值。安全维系人的生命安全与健康；反之，事故的发生，则意味着生命、健康、幸福、美好的毁灭。企业的社会责任赋予了企业经营行为以责任感、使命感和神圣感，使企业认识到企业的存在不仅是要创造巨大的经济效益，更要对企业全体员工的生命安全与健康负责。只有全体员工安全健康，才能在不制造损耗的基础上，视企业、班组为家，锻炼生产技能，提高生产效率，创造更大的企业效益。

③ 人人应有重视生命的情感观。安全维系人的生命安全与健康，“善待生命，珍惜健康”是“人之常情”，是我们社会每一个人应建立的情感观。不同的人应有不同层次的情感体现，员工或一般公民的安全情感主要是通过“爱人、爱已”“有德、无违”。而对于管理者和组织领导，则应表现出：用“热情”的宣传教育激励教育员工；用“衷情”的服务支持安全技术人员；用“深情”的关怀保护和温暖员工；用“柔情”的举措规范员工安全行为；用“绝情”的管理严爱员工；用“无情”的事故启发人人。以人为本，尊重与爱护员工是企业法人代表或雇主应有的情感观。

④ 生命只有一次，健康损害不可逆。金钱的多寡，地位的高低，某种程度上皆为身外之物，安全健康才是实实在在的“财富”，这个财富是没人能抢走的，也没有什么能替代安全健康。有人曾将安全健康比作 1，其他的学识、才华、金钱等均为“0”，没有了“1”，后面的“0”毫无意义。这就是人生最基本的道理：失去安全健康，一切为零。

二、正确的事故观念

事故是小概率事件，常常说“不怕一万，就怕万一”“安全要做到万无一失，不要让事故变成一失万无”。其实，一切事故都可预防，都应预防！没有事故，并不意味着安全！甚至，要认识到：隐患就是事故！

正确、专业的事故观念是本质安全型员工应有的理念。

事故的本质是能量！

1. 理解含义

事故有多种定义：事故是指造成死亡、疾病、伤害、损坏或其他损失的意外情况。事故是指个人或集体在为实现某一目的而进行活动的过程中，由于突然发生了与人意志相反的情况，迫使原来的行为暂时或永久地停止的事件。事故是以人体为主，在与能量系统关联中突然发生的与人的希望和意志相反的事件。事故是意外的变故或灾祸。

通常，我们从事故导致的损害后果来认识事故：一是对人的生命与健康造成损害；二是对社会、企业、家庭的财产造成损害；三是对环境造成破坏。事故后果非常轻微或未导致不期望后果的“事故”称为“险肇事故”或“未遂事故”。员工应该认真思考，分析事故成因，在生产活动和作业过程中采取切实有力的措施，避免“三违”（违反劳动纪律，违反操作规程，违章指挥），将存在的事故隐患根本消除，防止事故发生。

2. 认知领悟

① 事故有多种类型。事故的分类可从多种角度，从行业领域角度，工矿商贸等生产企业的生产安全事故可分为交通运输事故、公共设施和设备事故、环境污染和生态破坏事件等；从事故的性质角度，事故可分为责任、非责任事故，具体有安全责任事故，自然灾害，刑事案件，工伤事故、非工伤事故等；从事故致因角度，可分为人为因素事故，物因（设备、工具、物料等）导致的事故，环境因素（气象、地质环境等）事故，管理因素事故等。

② 事故具有多种特性。事故的基本特征主要包括：事故的因果性、随机性、潜伏性、可预防性。因果性指事故是相互联系的多种因素共同作用的结果，引起事故的原因是多方面的，在伤亡事故调查分析过程中，应弄清事故发生的因果关系，找到事故发生的主要原因，才能对症下药，有效防范。事故的随机性就是其偶然性与必然性的综合反映，是指事故发生的时间、地点，以及事故后果的严重性是偶然的，这说明事故的预防具有一定的难度。但是，事故这种随机性在一定范畴内也遵循统计规律。从事故的统计资料中可以找到事故

发生的规律性，因而，事故统计分析对制定正确的预防措施有重大的意义。潜伏性则是指表面上事故是一种突发事件，但是，事故发生之前有一段潜伏期。在事故发生前，人、机、环境系统所处的这种状态是不稳定的，也就是说系统存在着事故隐患，具有危险性。如果这时有一触发因素出现，就会导致事故的发生。在工业生产活动中，企业较长时间内未发生事故，若麻痹大意，就是忽视了事故的潜伏性，这是工业生产中的思想隐患，是应予克服的。可预防性是指现代工业生产系统是人造系统，这种客观实际给预防事故提供了基本的前提，所以说，任何事故从理论和客观上讲，都是可预防的。认识这一特性，对坚定信念，防止事故发生有促进作用。因此，人类应该通过各种合理的对策和努力，从根本上消除事故发生的隐患，把工业事故的发生降低到最小限度。

③ 事故的本质是能量的转移和作用。能量转移理论是重要的事故致因理论，它从事故发生的物理本质出发，揭示阐述了事故伤害和损害的道理。人们在生产、生活中的技术系统不可缺少的各种能量，如因某种原因失去控制，就会发生能量违背人的意愿而意外释放或逸出，使进行中的活动中止而发生事故，导致人员伤害或财产损失。因此，预防事故就是防止能量或危险物质的意外转移，防止人体与过量的能量或危险物质接触。研究事故的控制理论则从事故的能量作用类型出发，即研究机械能（动能、势能）、电能、化学能、热能、声能、辐射能的转移规律；研究能量转移作用的规律，即从能级的控制技术，研究能量转移的时间和空间规律。预防事故的本质是能量控制，可通过消除、限制、疏导、屏蔽、隔离、转移、距离控制、时间控制、局部弱化、局部强化、系统闭锁等技术措施来控制能量的不正常转移。

剖析各类事故的原因，发现事故往往源于一些“微不足道”的小事，这就促使我们去探究大与小的关系。以小为大，就会时刻绷紧安全生产这根弦。不排除小隐患就可能变成大隐患；不解决小问题就可能变成大问题；不处理小事故就可能变成大事故。而以大为小，掉以轻心，往往由小变大，积小成巨，最后导致事故的发生。

明白了小与大的转化关系，就会做到“不以恶小而为之，不以善小而不为”，有了隐患及时排除，发现问题当即处理。坚持“小题大做，大题特做”，把无事故当作有事故，把小事故当作大事故，把小隐患当作大隐患，把轻“三违”当作重“三违”，把苗头当作问题来抓，把征候当作事故来处理，抓小防大，防微杜渐。

三、及时的响应观念

语本《庄子·天下》说：“其动若水，其静若镜，其应若响。”及时响应是最基本的事故应急观念。由于事故的突发性，以及事故危及生命的严重性，面对生产过程发生的事故灾难，应该争分夺秒、及时响应、化险为夷。

1. 理解含义

及时的响应观念是指一旦发生事故，就应“其应若响”，反应迅捷，及时处置和应对，如回声之相应和。

企业员工是险肇的第一目击者，是危险的第一接触者，应有及时应对、处置的意识、观念和能力。

2. 认知领悟

（1）做到“应在事中，急在事前”。“应在事中”强调的是非常态下的应急响应意识，即员工在突发事件发生时，要做到积极响应，在分工负责和多部门配合的基础上，做好临场综合协调。员工的反应能力和响应效率，对控制事态发展有着至关重要的作用。“急在事前”强调的是常态下的预防和应急准备意识。即员工在突发事件发生前，要具备预防为主的意识，如主动学习突发事件应急预案、了解应急处置的相关知识、积极配合相关部门做好应急物品储备等。应急准备是全面提高应急管理水平的基础性工作，是落实应急管理工作的重要抓手。员工具备良好的预防和应急准备意识，有利于企业增强应急管理工作的预见性和主动性。

（2）应急响应要讲合作精神、协同配合。应急响应包括事故发生后信息接收、流转与报送，相关人员和部门要协调配合、及时联动。在进行事故应急响应时要讲求速度，雷厉风行；要团队协作，直接沟通，拒绝烦琐，各司其职，分工合作。在遇到紧急情况与突发事件时不仅要掌握对应急状态进行相应控制的技能，尽可能防止事故的扩大，而且要能够进行紧急状态的汇报，保证事发时上级领导能在第一时间内准确获得事故信息；确保自己针对现场可能出现的各种紧急情况知道如何去做；要熟知应急响应程序，并通过演练真正落实和提高自身的应急处置技能。

应急救援的基本任务是：

① 立即组织营救受害人员，组织撤离或者采取其他措施保护危害区域内的其他人员。抢救受害人员是应急救援的首要任务，在应急救援行动中，快速、有序、有效地实施现场急救与安全转送伤员是降低伤亡率、减少事故损失的关键。由于重大事故发生突然、扩散迅速、涉及范围广、危害大，应及时指导和组织群众采取各种措施进行自身防护，必要时迅速撤离危险区域或可能受到危害的区域。在撤离过程中，应积极组织群众开展自救和互救工作。

② 迅速控制事态，并对事故造成的危害进行检测、监测，测定事故的危

害区域、危害性质及危害程度。及时控制住造成事故的危险源是应急救援工作的重要任务，只有及时地控制住危险源，防止事故的继续扩展，才能及时有效进行救援。特别对发生在城市或人口稠密地区的化学事故，应尽快组织工程抢险队与事故单位技术人员一起及时控制事故继续扩展。

③ 消除危害后果，做好现场恢复。针对事故对人体、动植物、土壤、空气等造成的现实危害和可能的危害，迅速采取封闭、隔离、洗消、监测等措施，防止对人的继续危害和对环境的污染。及时清理废墟和恢复基本设施，将事故现场恢复至相对稳定的基本状态。

④ 查清事故原因，评估危害程度。事故发生后应及时调查事故发生的原因和事故性质，评估出事故的危害范围和危险程度，查明人员伤亡情况，做好事故调查。

四、科学的应急观念

同样的事故，不同的后果，科学应急是关键。但是，普遍失败的事故应急实案中，反映出人们对科学应急认知的缺乏。应急教育领域认为，科学应急是有一套科学的应急理论方法来解释、解决突发事件防范与处置基本规律的。本质安全型员工不但要有预防的能力，也应该有科学应急的能力。

科学的应急观念，不但政府各级领导和管理人员，以及企业的负责人、安全人员应具备，员工和社会公众也应有之。

1. 理解含义

科学的应急观念是指应急管理工作和应急处置要讲科学性原则，要用科学观念指导应急管理、应急处置、应急救援等工作。科学的应急观念是应急文化建设的重要内容，是做好应急管理工作的基础和根本。

科学的应急观念能够引导科学的应急预案、科学的应急演练、科学的应急指挥、科学的应急处置、科学的应急救援等方面。

2. 认知领悟

① 构建完整的应急体系。事中应急策略包括三方面的内容，即应急准备、应急响应和应急恢复，是应急管理完整、系统的过程。应急准备是针对可能发生的事故，为迅速有效地开展应急行动而预先所做的各种准备，包括应急体系的建立，有关部门和人员职责的落实，预案的编制，应急队伍的建设，应急设备（施）、物资的准备和维护，预案的演习，与外部应急力量的衔接等，其目标是保持重大事故应急救援所需的应急能力。通过分析事故致因，制定改进措施，实施整改，坚持“四不放过”的原则，做到同类事故不再发生。具体的措

施有：全面的事故调查取证、科学的原因分析、合理的责任追究、充分的改进措施、有效的整改完善、保险政策赔付、医疗救治、康复治疗等。

② 应急战略比战术更重要。战略是指谋略和策略，是原则、方针，解决根本性和方向性问题；战术是指技术和方法，是工具、手段，解决实施和落地问题。应急战略思维是指立足于战略高度，从战略管理的需要出发，观察事故应急命题、分析事故应急规律和解决事故应急问题的思想、心理活动形式。在事故应急响应过程中，应急战略比应急战术更重要。在具体的事故灾难响应过程中，选择比处置更重要，比如：是灭火还是限火（不灭）？是坚守还是逃生？是要钱还是要命？是先防护自己还是先防护他人？是先救己还是先救人？显然科学的观念才能科学地做出解答。

③ 现场应急处置六准则——DECIDE。员工在作业现场面对发生的事故或人员伤害，施救处置要讲求六准则：及时探测实情、准确判断伤情、合理选择方法、确认处置能力、实施救援行动、事后总结评价，如图 2-5 所示。

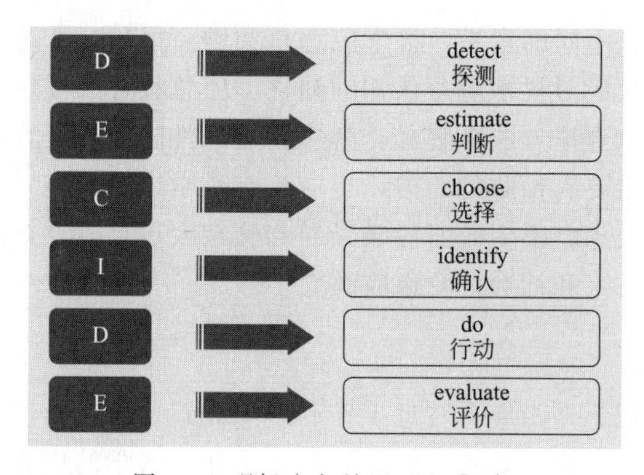

图 2-5　现场应急处置“六准则”

五、应有的法制观念

依法治国、合法行政是国家和社会治理的基本方略。重大突发公共事件应急管理是国家治理体系和治理能力的重要组成部分，也是国家治理体系和治理能力水平的现实反映。

生产安全事故的应急管理和应急处置也应当按照现代法治的要求，加强应急法制建设，把应对生产安全事故和突发事件的应急系统纳入法治化轨道。应用法治思维动员多方面资源和能力提高应对各类生产安全事故的现代化水平。

员工个人在获得和保障个人生命健康权的同时，应积极参与事故灾害的应急处置，依法、依规参与应急行动。

1. 理解含义

法制观念是应急管理工作的最基本观念，依法应对就是指在响应、处置、救援突发事件时，应依据法律、法规开展每一项目工作，使组织、企业和个人的突发事件应对行为都在法律的轨道上运行。《突发事件应对法》是我国有关自然灾害、事故灾难、公共卫生、社会安全事件四大类突发事件应对的综合性法律。生产安全事故属于事故灾难范畴，因此，《突发事件应对法》是生产安全事故应急响应的基本法律。

2. 认知领悟

① 树立依法应对突发事件的理念。第一，政府机关要坚持法定职责必须为，法无授权不可为的观念；第二，各级领导干部要有法治思维，要有依法办事的能力，这是依法行政的要求。《突发事件应对法》赋予政府部门在非常状态下更多的权力，树立依法应对突发事件的理念，以法治思维和法治方式应对突发事件，才能更为有效地预防和减少突发事件及其造成的伤害、损失，从而最大限度地保护公民的生命财产以及公民的基本权利。

② 树立预防为主、预防与应急相结合的理念。《礼记·中庸》云："凡事预则立，不预则废。"切实有效的预防措施和应急准备往往可以在极大程度上减少突发事件所带来的损失。目前，我们一定程度存在应对事故灾害"重事后处置，轻事前预防""有钱救灾，无钱防灾"的现象。因此，《突发事件应对法》明确了突发事件应对工作实行预防为主、预防与应急相结合的原则，有关预防和应急准备的条文就有 20 多条，占全部条文的 1/3，充分突出了事前预防的重要性。

③ 树立信息公开与信息真实的理念。突发事件发生后，公众对于政府信息的公开度与真实性的要求比常态下更为强烈。各级政府部门能否做到及时、准确地公开政府信息，对于安稳民心、妥善处置突发事件起到至关重要的作用。及时准确公开信息，让公众知晓事件处置的进展情况，对于受害者及其家属而言，既保障了他们的知情权，又有利于平复他们的负面情绪；对于不知情的公众而言，有利于树立正确的舆论引导方向，防止一些不法分子散播谣言，蛊惑人心。

④ 员工要有自我防护的观念。自我防护是保障作业者自身安全的有效办法。提高"自我防护"意识，应把"安全第一，预防为主"的安全理念深深根植于脑际，时时处处讲安全，要安全；要掌握一定的安全技术，明白哪里存在危险，怎样做才不会发生危险；要克服懒惰、侥幸这些缺点，抵制反习惯性违章，用制度来严格约束自己，不让自己的行为越"雷池"半步。

⑤ 强化社会综合应对能力的观念。加强《安全生产法》和《突发事件应

对法》等相关法律、法规的宣传；开展应急管理和处置、防灾、救灾、急救能力的全员普及性培训；定期开展员工综合应急演练；将应急管理、处置法律知识纳入学校教学课程和干部晋升考试范围；重点培训专业救援队伍和志愿救援队伍；提高公众法律文化素养，提升公众面对突发事件的理性应对能力，避免出现恐慌情绪，造成物资抢购；培养科学、理性的应急意识；培训社会组织和志愿救援队伍，激发民间组织的巨大热情和能量，分担和克服政府的压力和困难，发挥公益力量参与突发公共事件防控的作用；在重大生产安全事故发生后，及时公开信息，避免谣言和假信息的传播，第一时间及时辟谣，并及时发布正面信息，积极引导社会舆论；依法调查事故，依法、依规及时向社会公布事故调查报告。

六、有效的救援观念

有效的救援观念就是要尊重规律、求真务实、讲求实效。因此，就需要把握事故演变规律、科学施救、精准施策。面对事故灾害，要有科学、严谨的态度，尊重科学规律，坚持用事实说话，从事故产生和演变规律入手，进行科学分析和研判。

1. 理解含义

面对事故，要讲客观性、规律性。硬本领才是硬道理，本领过硬的专业人才和科学方法的有效应用是事故应对的关键。依靠专业人员的专业知识与能力，利用人工智能和大数据的现代信息技术，提升事故应对的有效性和实效性，人的智慧与先进技术的结合是保障应急救援实效的基础。

2. 认知领悟

（1）应急预案是保障应急救援实施的基础。应急预案又称“应急计划”或“应急救援预案”，是一个组织在风险评估的基础上，针对可能发生的突发事件，为迅速、有序、有效地开展应急行动，降低人员伤亡和经济损失而预先制定的有关计划或方案。企业的生产安全事故应急预案有三种类型：

① 综合应急预案。综合应急预案是生产经营单位为应对各种生产安全事故而制定的综合性工作方案，是企业应对生产安全事故的总体工作程序、措施和应急预案体系的总纲。

② 专项应急预案。专项应急预案是生产经营单位为应对某一种或者多种类型生产安全事故，或者针对重要生产设施、重大危险源、重大活动而制定的专项性工作方案。专项应急预案重点强调专业性，应根据可能的事故类别和特点，明确相应的专业指挥协调机构、响应程序及针对性的处置措施。专项应急

预案与综合应急预案中的应急组织机构、应急响应程序相近时，可以不编写专项应急预案，相应的应急处置措施并入综合应急预案。

③ 现场处置方案。现场处置方案是基层单位针对具体场所、装置或者设施，制定的生产安全事故工作方案。现场处置方案重点明确基层单位事故风险描述、应急组织职责、应急处置和注意事项的内容，体现自救互救和先期处置的特点。事故风险单一、危险性小的生产经营单位，可以只制定现场处置方案。

（2）以人为本，生命至上的观念。首先，任何时候的救援，都应以人的生命为重，遵循“两害相权取其轻”的准则。万物之中，以人为重，一份希望，百分努力，先抢后救，先复苏、后搬运，先固定、后移动，先止血、后行动。对于处在危险境地的伤员，应使其尽快脱离险地，移至安全地带后再进行救治；对于昏迷的伤员要先进行心肺复苏，再进行转移；对于关节错位的伤员要先将其受伤关节固定在最舒适位置，再进行转移；对于大出血的伤员，要先进行止血，再进行转移。

（3）专业应急救援与志愿者队伍相结合。我国应急救援队伍主要由防汛抗灾、抗震救灾、森林消防、矿山和危险化学品救援、核应急、卫生医疗、食品安全、动物疫情处置、反恐处突等队伍组成，承担国家相应专项应急救援，具有如下主要特点：

① 机动性。高度的机动性才能保证第一时间到达突发事件现场，及时消除和控制突发事件，防止突发事件扩大。

② 专业性。面对复杂的突发事件，只有专业的救援才能保证救援的有效性，迅速防止突发事件扩大，防止出现处理不当而造成突发事件恶化。

③ 协调性。应急救援尤其是重大突发事件的应急救援不单单是一个部门的事情，需要涉及相当多的部门进行协调处理。没有良好的沟通和协调，很多工作无法开展，会影响应急救援的进行和效果。

应急志愿者是指具有一定应急管理基础知识，并掌握基本逃生自救、互救技能，不以获取物质报酬为目的，主动提供服务、承担社会责任、自主践行志愿精神的公民。应急志愿者与一般志愿者不同，他们具有更专业的理论知识和专项技能，但与专业救援人员相比，其专业程度相对较弱，他们在救援活动中能够协助和支持专业救援人员，起到至关重要的作用。我国志愿者参与应急救援主要有政府指导下成立和发展起来的应急志愿者队伍，民间自发成立的志愿者队伍，以及临时组成的志愿者组织三种形式。

协同配合各类应急救援工作要遵循自救为主、统一指挥、分层负责、单位自救和其他单位及社会救援相结合的原则。

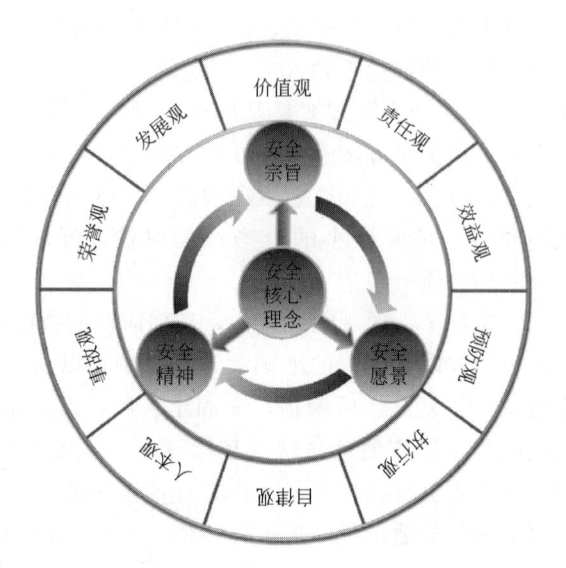
价值观
责任观
效益观
预防观
执行观
自律观
人本观
事故观
荣誉观
发展观
安全宗旨
安全核心理念
安全愿景
安全精神

第三章 我学安全——备知识

第一节 安全生产法规知识

一、安全生产方针

《安全生产法》确立了“安全第一、预防为主、综合治理”的安全生产方针，明确了安全生产工作的基本原则、主体策略和系统方略：“安全第一”是基本原则，“预防为主”是主体策略，“综合治理”是系统方略。

安全第一就是要坚持人民群众的生命财产安全特别是生命安全高于一切，在处理保证安全与发展生产关系的问题上，始终把安全放在首位，坚持做到生产必须安全、不安全不生产，把安全生产作为一条不可逾越的“红线”，坚决不要“带血的GDP”。

预防为主就是指任何时候都不允许“试错”，必须未雨绸缪，防患于未然，把工作的重心放在预防上，采取各种行之有效的措施，及时消除可能引发事故的各类隐患，防止和减少事故的发生。这一方针事关整个安全生产工作的方向和重心，要求居安思危，关口前移，从平时、细微处严格落实各项安全生产责任，切实从源头上防范和遏制事故的发生。

所谓综合治理，即安全生产需要多方面统筹协调、齐抓共管，综合施策、标本兼治，运用法律、经济、行政、技术、管理等手段，充分调动全社会力量，群防群治，才能达到预期目标。

二、职业病防治方针

《职业病防治法》明确职业病防治的基本方针是："预防为主、防治结合"。

预防为主就是要在工艺、技术、装备上采取防范措施，有效地控制和防止粉尘、毒气、噪声、放射性物质等危害因素对员工造成健康危害。

防治结合就是在预防的基础上，加强职业病的诊断、治疗和康复工作，减轻职业病带来的痛苦和损害。

三、消防安全方针

《消防法》明确消防安全的基本方针是："预防为主、防消结合"。

预防为主就是从引发火灾的"三要素"出发，采取技术、管理方面的防火措施，避免火灾的发生。

防消结合就是既要重视防火，同时要对火灾具备警报、灭火、逃生、救援等应急响应和救灾救援的措施。

四、安全生产工作机制

《安全生产法》明确了我国安全生产的工作机制，即生产经营单位负责、员工参与、政府监管、行业自律和社会监督的安全生产工作机制，这五个方面互相配合、互相促进、协同作用，称为"五位一体"的工作机制，如图 3-1 所示。

(1)"生产经营单位负责"是根本。做好安全生产工作，落实生产经营单位主体责任是根本。建立安全生产工作机制，也要首先强调生产经营单位主体责任的要求，这是安全生产工作机制的根本和核心。落实主体责任重要的是全面落实生产过程中安全保障的"事故防范机制"。《安全生产法》第四条规定：生产经营单位必须遵守本法和其他有关安全生产的法律、法规，加强安全生产管理，建立、健全安全生产责任制度，改善安全生产条件，确保安全生产。第五条规定：生产经营单位的主要负责人对本单位的安全生产工作全面负责。

(2)"员工参与"是基础。员工是生产经营活动的直接操作者，安全生产的目的是保护员工的人身安全，同时保障生产经营过程顺利进行。一方面，通过落实员工对安全生产工作的参与权、知情权、监督权和建议权，发挥员工的主人翁作用；另一方面，需要员工通过身体力行，积极配合生产经营单位的安全生产工作和过程，承担遵章守纪、按章操作等义务，实现企业的安全生产目

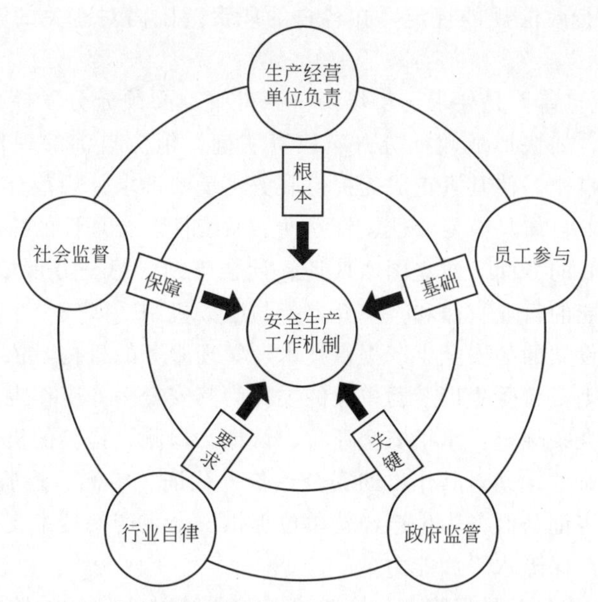

图 3-1　我国安全生产“五位一体”工作机制结构示意图

标和任务。员工既有权利，也有义务，生产经营单位的全员参与和自律是安全生产的根基。“员工参与”《安全生产法》中充分体现了员工的“话语权”，并且章名改为从业人员的安全生产权利义务，在扩大从业人员的权利与义务的同时，赋予了员工在行使安全生产权利时的法律依据，提高了员工参与安全生产的热情和能动性。

（3）“政府监管”是关键。在强化和落实生产经营单位主体责任、保障员工参与的同时，还必须充分发挥政府在安全生产方面的监察、监督和管理的作用，以国家强制力为后盾，保证安全生产法律、法规以及相关安全标准得到切实遵守和落实，及时查处、纠正安全生产违法行为，消除事故隐患，实现有效防范事故、保障生产安全、促进经济和社会安全健康发展。政府的监管是保障安全生产不可或缺的重要方面。《安全生产法》规定了由各级人民政府负责安全生产监督管理的部门对生产经营单位的安全生产工作实施综合监督管理，各级政府实施安全生产监督管理与协调指导的“监督运行机制”。《安全生产法》第九条明确了政府的安全生产监督管理职能，即“国务院负责安全生产监督管理的部门依照本法，对全国安全生产工作实施综合监督管理；县级以上地方各级人民政府负责安全生产监督管理的部门依照本法，对本行政区域内安全生产工作实施综合监督管理。国务院有关部门依照本法和其他有关法律、行政法规的规定，在各自的职责范围内对有关的安全生产工作实施监督管理；县级以上地方各级人民政府有关部门依照本法和其他有关法律、行政法规的规定，在各自的职责范围内对有关的安全生产工作实施监督管理。”

(4)“行业自律”是要求。市场经济条件下，必须充分发挥行业协会等社会组织的作用，加快形成政社分开、权责明确、依法自治的现代社会组织体制，强化行业自律，使其真正成为提供服务、反映诉求、规范行为的重要社会自治力量。行业自律具有专业性、针对性、系统性、合理性的特点，是保障安全生产非常重要的方面。建立国家认证、社会咨询、第三方审核、技术服务、安全评价等功能的行业自律和“中介支持与服务机制”。《安全生产法》第十三条规定：依法设立的为安全生产提供技术、管理服务的机构，依照法律、行政法规和执业准则，接受生产经营单位的委托为其安全生产工作提供技术、管理服务。第六十九条规定：承担安全评价、认证、检测、检验的机构应当具备国家规定的资质条件，并对其作出的安全评价、认证、检测、检验的结果负责。中介机构通过咨询与服务为生产经营单位提供安全生产的技术支持，提高生产企业的安全生产保障水平和能力。

(5)“社会监督”是保障。安全生产工作需要社会广泛的监督参与，必须充分发挥包括工会、社区、基层群众自治组织、新闻媒体以及社会公众的监督作用，实行群防群治，将安全生产工作置于全社会的监督之下，形成全社会广泛支持的合力和保障体系。《安全生产法》第七条明确规定：工会依法组织员工参加本单位安全生产工作的民主管理和民主监督，维护员工在安全生产方面的合法权益。第七十一条明确规定：任何单位或者个人对事故隐患或者安全生产违法行为，均有权向负有安全生产监督管理职责的部门报告或者举报。第七十四条明确规定：新闻、出版、广播、电影、电视等单位有进行安全生产公益宣传教育的义务，有对违反安全生产法律、法规的行为进行舆论监督的权利。第七十二条明确规定：居民委员会、村民委员会发现其所在区域内的生产经营单位存在事故隐患或者安全生产违法行为时，应当向当地人民政府或者有关部门报告。这就规范了我国的安全生产，发动了四方的社会监督力量，即工会、媒体、公民和社区四方监督参与。

五、员工安全生产八项权利

① 知情权，了解危险因素、防范措施和事故应急措施；

② 建议权，即有权对本单位的安全生产工作提出建议；

③ 批评权，检举、控告权；

④ 拒绝权，即有权拒绝违章作业指挥和强令冒险作业；

⑤ 紧急避险权；

⑥ 依法向本单位提出赔偿要求的权利；

⑦ 获得符合国家标准或者行业标准劳动防护用品的权利；

⑧ 获得安全生产教育和培训的权利。

六、员工安全生产四项义务

① 遵章守纪、服从安全管理；

② 正确佩戴使用劳动防护用品；

③ 接受安全培训，掌握安全生产技能；

④ 发现事故隐患及不安全因素及时报告。

七、五大高危行业

《安全生产法》强调了五大高危行业：矿山行业、建筑行业、危险化学品行业、冶金行业、交通行业。

① 矿山行业。从事与矿山有关的工作，大多数工人都在井下作业，矿井是施工作业最复杂、危险因素最多的场所。矿山事故具有发生突然、扩散迅速、危害范围广的特点。

② 建筑行业。建筑行业的作业内容种类繁多、复杂，存在高处作业、密闭空间作业、高温作业等多种作业类型，且作业劳动强度大、劳动时间长。

③ 危险化学品行业。生产化工产品所用的原料、中间体甚至产品本身，有70%以上具有易燃、易爆或有毒的性质，且生产大多在高温、高压、高速、有毒等严酷条件下进行。化工事故具有突发性、群体性、快速性和高度致命性的特点。

④ 冶金行业。冶金工厂配套专业多、设备大型化、操作复杂，既具有高动能、高势能、高热能所带来的重大危险因素，又具有有毒有害、易燃易爆等危险因素。

⑤ 交通行业。交通运输作业受人、车、道路环境方面的影响，会发生车辆在道路上因过错或者意外造成的人身伤亡或者财产损失的事件。若为危险物品运输车辆，则会造成更严重的伤亡事件。

《安全生产法》对高危行业提出了更为严厉的安全生产要求，如：企业要求获得安全生产许可证才能组织生产经营活动；高危行业的企业负责人要求具备安全生产资格许可；企业必须设置安全专业管理机构和配备足够的安全生产专管人员；必须参加安全生产责任保险等。

八、高危作业

高危作业包括：爆破作业、吊装作业、高处作业、动火作业、受限空间作业、动土（挖掘）作业、电气作业、粉尘场所作业、检修场所作业、高毒场所作业、易爆场所作业、高温场所作业、交叉作业、临近高压输电线路作业和各类地下管线作业等。

① 爆破作业。在基础工程施工中，常会遇到顽石或岩石等需要爆破作业来解决。爆破施工危险性较大，若对爆破材料的品种和特性不了解，因装卸、搬运不当或引爆方法使用不当，则会引起爆炸造成伤害。

② 吊装作业。工人使用吊车或者起升机构对设备的安装、就位，在检修或维修过程中工人利用各种吊装机具将设备、工件、器具、材料等吊起，使其发生位置变化。

③ 高处作业。凡在坠落高度基准面2m以上（含2m）或有可能坠落的高处进行作业，均为高处作业。易发生人员坠落受到伤害，或物体坠落砸伤人员。

④ 动火作业。在禁火区进行焊接与切割作业及在易燃易爆场所使用喷灯、电钻、砂轮等进行可能产生火焰、火花和赤热表面的临时性作业。操作不当易引发火灾和人员烫伤。

⑤ 受限空间作业。凡在生产区域内进入或探入炉、塔、釜、罐，以及管道、烟道、下水道、沟、坑、井、池、涵洞等封闭、半封闭设施及场所的作业均为受限空间作业。人员出入困难、行动不便，且通风不足易导致缺氧窒息等情况。

⑥ 动土（挖掘）作业。在生产、作业区域使用人工或推土机、挖掘机等施工机械，通过移除泥土形成沟、槽、坑或凹地的挖土、打桩、地锚入土作业；或建筑物拆除以及在墙壁开槽打眼，并因此造成某些部分失去支撑的作业。动土作业有坑体坍塌、渗水漏水等情况。

⑦ 电气作业。将电气设备状态进行转换，一次系统运行方式变更，继电保护定值调整、装置的启停用，二次回路切换，自动装置投切、实验等所进行的操作执行过程的总称。会导致人体受电击、电伤，引发电气火灾。

⑧ 粉尘场所作业。在空气中含有悬浮的固体颗粒，人体吸入危害健康的场所进行的作业。

⑨ 检修场所作业。为了保持和恢复设备、设施规定的性能进行的活动，有物体失控坠落，防护失灵等风险。

⑩ 高毒场所作业。在产生常温常压下呈气态或易挥发的有毒化合物，导

致人体吸入中毒的场所进行的作业。

⑪ 易爆场所作业。在加油站、油库、煤气站等易发生爆炸的场所进行的作业。

⑫ 高温场所作业。在工作地点有散热比较大的生产性或非生产性热源，导致工作环境气温较高的场所进行的作业，比如冶金工业、机械制造工业等车间作业。

⑬ 交叉作业。凡一项作业可能对其他作业造成危害或对其他作业人员造成伤害的作业均构成交叉作业。多种作业交叉在一起，会形成作业干扰，管理不畅，导致事故发生。

⑭ 临近高压输电线路作业。一般把220kV以下电压的输电叫作高压输电。生产中需要通过高压输电线路把高压电输送到用电的地方，把电压降下来再使用。

⑮ 各类地下管线作业。对埋在地下的供水、排水、燃气、热力等管线及其附属设施进行的作业。

国家安全法规要求对于高危作业必须做到：安排专门人员进行现场安全管理，确保操作规程的遵守和安全措施的落实。

第二节 应急管理法规知识

一、应急管理法律

1.《突发事件应对法》

《突发事件应对法》的出台是为了预防和减少突发事件的发生，控制、减轻和消除突发事件引起的严重社会危害，规范突发事件应对活动，保护人民生命财产安全，维护国家安全、公共安全、环境安全和社会秩序。

(1) 适用范围。重在对突发事件的预防与应急准备、监测与预警、应急处置与救援、事后恢复与重建等作出规定，赋予政府应急处置所必要的权力，以及时控制事态发展。此外，《突发事件应对法》只适用于自然灾害、公共卫生事件、事故灾难和社会安全事件的应对行为，不适用于战争、动员。

(2) 基本思路。《突发事件应对法》分总则、预防与应急准备、监测与预警、应急处置与救援、事后恢复与重建、法律责任、附则7章，共70条，其基本思路体现在以下方面：

① 重在预防，关口前移，防患于未然，从制度上预防突发事件的发生，及时消除风险隐患。突发事件的演变一般都有一个过程，这个过程从本质上看是可控的，只要措施得力、应对有方，预防和减少突发事件发生，减轻和消除突发事件引起的严重社会危害是完全可能的。因此，《突发事件应对法》把预防和减少突发事件发生，作为立法的重要目的和出发点，对突发事件的预防、应急准备、监测、预警等做了详细规定。

② 既授予政府充分的应急权力，又对其权力行使进行规范。突发事件往往严重威胁、危害社会的整体利益，为了及时有效处置突发事件，控制、减轻和消除突发事件引起的严重社会危害，需要赋予政府必要的处置权力，坚持效率优先，充分发挥政府的主导作用，以有效整合各种资源，协调指挥各种社会力量。因此，《突发事件应对法》规定了政府应对突发事件可以采取的各种必要措施。同时，为了防止权力滥用，把应对突发事件的代价降到最低限度，在对突发事件进行分类、分级、分期的基础上，明确了权力行使的规则和程序。

③ 对公民权利的限制和保护相统一。突发事件往往具有社会危害性，政府负有统一领导、组织处置突发事件应对的主要职责，同时社会公众也负有义不容辞的责任。在应对突发事件中，为了维护公共利益和社会秩序，不仅需要公民、法人和其他组织积极参与有关突发事件的应对工作，还需要其履行特定义务。因此，《突发事件应对法》对有关单位和个人在突发事件的预防和应急准备、监测和预警、应急处置和救援等方面服从指挥、提供协助、给予配合，必要时采取先行处置措施的法定义务做出了规定。同时，为了保护公民的权利，确立了比例原则，并规定了征用补偿等制度。

④ 建立统一领导、综合协调、分级负责的突发事件应对机制。实行统一的领导体制，整合各种力量，是提高突发事件处置工作效率的根本举措。借鉴世界各国的成功经验，结合我国的具体国情，《突发事件应对法》规定，国家建立统一领导、综合协调、分类管理、分级负责、属地管理为主的应急管理体制。

（3）对企业的主要规定。

第二十二条：所有单位应当建立健全安全管理制度，定期检查本单位各项安全防范措施的落实情况，及时消除事故隐患；掌握并及时处理本单位存在的可能引发社会安全事件的问题，防止矛盾激化和事态扩大；对本单位可能发生的突发事件和采取安全防范措施的情况，应当按照规定及时向所在地人民政府或者人民政府有关部门报告。

第二十三条：矿山、建筑施工单位和易燃易爆物品、危险化学品、放射性物品等危险物品的生产、经营、储运、使用单位，应当制定具体应急预案，并对生产经营场所、有危险物品的建筑物、构筑物及周边环境开展隐患排查，及时采取措施消除隐患，防止发生突发事件。

第二十四条：公共交通工具、公共场所和其他人员密集场所的经营单位或者管理单位应当制定具体应急预案，为交通工具和有关场所配备报警装置和必要的应急救援设备、设施，注明其使用方法，并显著标明安全撤离的通道、路线，保证安全通道、出口的畅通。有关单位应当定期检测、维护其报警装置和应急救援设备、设施，使其处于良好状态，确保正常使用。

2.《消防法》

《消防法》是保障社会消防安全、加强消防管理工作的重要依据，是维护消防安全管理秩序的有力武器。国家一直重视消防工作和消防法制建设。2008年十一届全国人大常委会第五次会议对《消防法》进行了修订，总结了《消防法》实施过程中的经验，明确企业、事业单位消防安全职责及单位主要负责人的职责，加强和完善消防安全法律责任，调整了消防行政处罚的种类，具体规定了消防行政处罚的罚款数额，明确了消防行政处罚的主体。

《消防法》的出台是为了预防火灾和减少火灾危害，加强应急救援工作，保护人身、财产安全，维护公共安全。《消防法》分总则、火灾预防、消防组织、灭火救援、监督检查、法律责任、附则7章，共74条，其主要特点如下：①规定了政府统一领导、部门依法监管、单位全面负责、公民积极参与的消防工作新原则。②按照政府职能转变和市场经济条件下消防工作的新特点，对消防安全管理制度进行了改革，包括改革建设工程消防监督管理制度，明确了消防设计审核，消防验收和备案、抽查制度；规定了消防产品的强制性产品认证和技术鉴定制度，建立了部门执法合作机制；加强了公安机关消防监督检查制度，明确了公安派出所日常消防监督检查和消防宣传教育的职责等。③规定鼓励和引导相关企业购买火灾公众责任保险，鼓励保险公司开展火灾公众责任保险业务。④进一步加强消防队伍的应急救援职能，加强公安消防队和专职消防队的应急救援能力建设及必要的保障措施。⑤加强和完善消防安全法律责任，增加了应予行政处罚的违反《消防法》的行为；取消了一些消防行政处罚责令限期改正的前置条件；调整了消防行政处罚的种类；具体规定了消防行政处罚的罚款数额；明确了消防行政处罚的主体等。

3.《防震减灾法》

《防震减灾法》的出台是为了防御和减轻地震灾害，保护人民生命和财产安全，促进经济社会的可持续发展。《防震减灾法》分总则、防震减灾规划、地震监测预报、地震灾害预防、地震应急救援、地震灾后过渡性安置和恢复重建、监督管理、法律责任、附则9章，共93条。其主要内容包括地震监测台网统一规划与分级、分类管理，地震监测台网的建设，地震监测台网的运行，海域地震监测与火山活动监测，地震监测设施和地震观测环境保护，地震监测信息共享，地震烈度速报系统建设，外国组织或者个人来华从事地震监测的管理等。

4.《防洪法》

《防洪法》的出台是为了防治洪水，防御、减轻洪涝灾害，维护人民的生命和财产安全，保障社会主义现代化建设顺利进行。2016 年版《防洪法》分总则、防洪规划、治理与防护、防洪区和防洪工程设施的管理、防汛抗洪、保障措施、法律责任、附则 8 章，共 65 条。

二、应急管理法规

1.《生产安全事故应急条例》

目的：规范生产安全事故应急工作，保障人民群众生命和财产安全。

内容：明确了县级以上政府统一领导、行业监管部门分工负责、综合监管部门指导协调的应急工作体制，突出重点领域、重特大事故应急处置，规定了应急救援预案制修订和演练、应急救援队伍建设、应急值班等要求，并细化了政府和生产经营单位的应急救援措施。

2.《突发事件应急预案管理办法》

目的：规范突发事件应急预案管理，增强应急预案的针对性、实用性和可操作性。

内容：《突发事件应急预案管理办法》分总则，分类和内容，预案编制，审批、备案和公布，应急演练，评估和修订，培训和宣传教育，组织保障，附则 9 章，共 34 条。

3.《生产安全事故应急预案管理办法》

目的：规范生产安全事故应急预案管理工作，迅速有效处置生产安全事故。

内容：《生产安全事故应急预案管理办法》（简称“办法”）分为 7 章，包括总则，应急预案的编制，应急预案的评审、公布和备案，应急预案的实施，监督管理，法律责任和附则，共 48 条。其主要特点如下：

① 分级负责，分类指导。“办法”规定，应急预案的管理实行属地为主、分级负责、分类指导、综合协调、动态管理的原则。国家安全生产监督管理总局负责全国应急预案的综合协调管理工作；县级以上地方各级安全生产监督管

理部门负责本行政区域内应急预案的综合协调管理工作；县级以上地方各级其他负有安全生产监督管理职责的部门按照各自的职责负责有关行业、领域应急预案的管理工作；生产经营单位主要负责人负责组织编制和实施本单位的应急预案，并对应急预案的真实性和实用性负责。生产经营单位应急预案分为综合应急预案、专项应急预案和现场处置方案，分别从总体、专项及具体事故类型制定应急措施。

② 科学编制，精准实施。“办法”规定，应急预案的编制应当遵循以人为本、依法依规、符合实际、注重实效的原则，以应急处置为核心，明确应急职责、规范应急程序、细化保障措施。编制应急预案前，编制单位应当进行事故风险评估和应急资源调查，编制应急预案要体现自救互救和先期处置等特点，应急预案应当包括向上级应急管理机构报告的内容、应急组织机构和人员的联系方式、应急物资储备清单等附件信息。生产经营单位编制的各类应急预案应当相互衔接，并与相关人民政府及其部门、应急救援队伍和涉及的其他单位的应急预案相衔接。应急预案要进行相应的评审论证、公布和备案。应急预案的实施要紧密结合安全生产宣传教育和培训工作计划，各级安全生产监督管理部门、各类生产经营单位应当定期组织应急预案演练，应急演练或生产安全事故应急处置及救援结束后，还应当对应急预案实施情况进行总结评估，撰写评估报告，分析存在的问题，并对应急预案提出修订意见。

③ 依法监管，违法处罚。“办法”规定，各级安全生产监督管理部门和煤矿安全监察机构应当将生产经营单位应急预案工作纳入年度监督检查计划，明确检查的重点内容和标准，并严格按照计划开展执法检查。地方各级安全生产监督管理部门应当每年对应急预案的监督管理工作情况进行总结，对于在应急预案管理工作中做出显著成绩的单位和人员，安全生产监督管理部门、生产经营单位可以给予表彰和奖励。“办法”还规定了生产经营单位应负有的法律责任。未编制应急预案或未定期组织应急预案演练的，将被责令限期改正，并可处5万元以下罚款；逾期未改正的，将被责令停产停业整顿，并处5万元以上10万元以下罚款；对直接负责的主管人员和其他直接责任人员处1万元以上2万元以下罚款。此外，在应急预案编制前未按照规定开展风险评估和应急资源调查等7种情形，将由县级以上安全生产监督管理部门责令限期改正，并可处1万元以上3万元以下罚款。

4.《生产安全事故报告和调查处理条例》

目的：为了规范生产安全事故的报告和调查处理，落实生产安全事故责任追究制度，防止和减少生产安全事故。

内容：《生产安全事故报告和调查处理条例》分为总则、事故报告、事故调查、事故处理、法律责任和附则6章，共46条。

该条例总体上重点把握了三个方面：一是贯彻落实“四不放过”原则，即事故原因未查明不放过，责任人未处理不放过，整改措施未落实不放过，有关人员未受到教育不放过。二是坚持“政府统一领导、分级负责”的原则，即生产安全事故报告和调查处理必须坚持政府统一领导、分级负责的原则。三是重在完善程序，明确责任。完善有关程序，为事故报告和调查处理工作提供明确的“操作规程”，规范生产安全事故的报告和调查处理。同时，明确政府及其有关部门、事故发生单位及其主要负责人以及其他单位和个人在事故报告和调查处理中所负的责任。

该条例将事故划分为特别重大事故、重大事故、较大事故和一般事故4个等级。特别重大事故是指造成30人以上死亡，或者100人以上重伤（包括急性工业中毒，下同），或者1亿元以上直接经济损失的事故；重大事故是指造成10人以上30人以下死亡，或者50人以上100人以下重伤，或者5000万元以上1亿元以下直接经济损失的事故；较大事故是指造成3人以上10人以下死亡，或者10人以上50人以下重伤，或者1000万元以上5000万元以下直接经济损失的事故；一般事故是指造成3人以下死亡，10人以下重伤，或者1000万元以下直接经济损失的事故。

5.《电力安全事故应急处置和调查处理条例》

目的：加强电力安全事故的应急处置工作，规范电力安全事故的调查处理，控制、减轻和消除电力安全事故损害。

内容：该条例分为6章，包括总则、事故报告、事故应急处置、事故调查处理、法律责任、附则，共37条。

根据事故影响电力系统安全稳定运行或者影响电力正常供应的程度，该条例将电力安全事故划分为特别重大事故、重大事故、较大事故、一般事故四个等级。这样规定，既在事故等级上与《生产安全事故报告和调查处理条例》相衔接，同时在事故等级划分的标准上又体现了电力安全事故的特点。对于电力安全事故等级划分的标准，该条例主要规定了五个方面的判定项，包括造成电网减供负荷的比例、造成城市供电用户停电的比例、发电厂或者变电站因安全故障造成全厂（站）对外停电的影响和持续时间、发电机组因安全故障停运的时间和后果、供热机组对外停止供热的时间。

该条例总结了电力安全事故应急处置的实践经验，对电力安全事故应急处置的主要措施做了规定，明确了电力企业、电力调度机构、重要电力用户以及政府及其有关部门的责任和义务。此外，该条例还对恢复电网运行和电力供应的次序以及事故信息的发布做了规定。

该条例规定，特别重大事故由国务院或者国务院授权的部门组织事故调查组进行调查处理，重大事故由国务院电力监管机构组织事故调查组进行调查处理，较大事故由事故发生地电力监管机构或者国务院电力监管机构组织事故调查组进行调查处理，一般事故由事故发生地电力监管机构组织事故调查组进行调查处理。

三、应急管理方针

《突发事件应对法》确立了“统一领导、综合协调、分类管理、分级负责、属地管理为主”的应急管理体制，以“预防为主、预防与应急相结合”作为突发事件应对的基本方针。

《安全生产法》明确的安全生产方针是：安全第一、预防为主、综合治理。

《职业病防治法》明确的职业病防治方针是：预防为主、防治结合。

《消防法》明确的消防方针是：预防为主、防消结合。

《防震减灾法》明确的防震减灾方针是：预防为主、防御与救助相结合。

四、应急管理体系

党的十六大以来，党中央、国务院在深刻总结抗击“非典”经验教训，科学分析我国公共安全形势的基础上，做出了全面加强应急管理工作的重大决策，以制定“应急预案”、建立健全“应急体制、机制、法制”为核心内容的应急管理体系建设（即“一案三制”）取得了重大成效。

现阶段，我国基本形成了“横向到边、纵向到底”的应急预案体系，并开展了培训和演练；基本建立了“统一领导、综合协调、分类管理、分级负责、属地为主、全社会参与”的应急管理体制；逐步形成了“统一指挥、功能齐全、反应灵敏、协调有序、运转高效”的应急管理机制；逐步加强了应急管理法制建设，颁布实施了《突发事件应对法》《食品安全法》，修订了《消防法》《防震减灾法》等法律法规。

五、应急管理的原则

在国务院发布的《国家突发公共事件总体应急预案》中明确提出了应对各类突发公共事件的 6 条工作原则：

（1）以人为本，减少危害。切实履行政府的社会管理和公共服务职能，把保障公众健康和生命财产安全作为首要任务，最大限度地减少突发公共事件及其造成的人员伤亡和危害。

(2) 居安思危，预防为主。高度重视公共安全工作，常抓不懈，防患于未然。增强忧患意识，坚持预防与应急相结合，常态与非常态相结合，做好应对突发公共事件的各项准备工作。

(3) 统一领导，分级负责。在党中央、国务院的统一领导下，建立健全分类管理、分级负责，条块结合、属地管理为主的应急管理体制，在各级党委领导下，实行行政领导责任制，充分发挥专业应急指挥机构的作用。

(4) 依法规范，加强管理。依据有关法律和行政法规，加强应急管理，维护公众的合法权益，使应对突发公共事件的工作规范化、制度化、法制化。

(5) 快速反应，协同应对。加强以属地管理为主的应急处置队伍建设，建立联动协调制度，充分动员和发挥乡镇、社区、企事业单位、社会团体和志愿者队伍的作用，依靠公众力量，形成统一指挥、反应灵敏、功能齐全、协调有序、运转高效的应急管理机制。

(6) 依靠科技，提高素质。加强公共安全科学研究和技术开发，采用先进的监测、预测、预警、预防和应急处置技术及设施，充分发挥专家队伍和专业人员的作用，提高应对突发公共事件的科技水平和指挥能力，避免发生次生、衍生事件；加强宣传和培训教育工作，提高公众自救、互救和应对各类突发公共事件的综合素质。

六、应急预案的工作原则

应急预案的雏形是第二次世界大战期间的民防计划，最初是以保护公众安全为目标，随后拓展到应对自然灾害和技术灾难等领域。近年来，随着应急管理的不断发展，应急预案逐渐成为应急准备的基础平台。传统的应急预案是在突发事件发生后如何应对处置的方案，而现代应急预案更加强调突发事件发生之前怎样做好准备的方案，应急处置则是应急准备的发展与延续。

制定事故应急预案是贯彻落实“安全第一，预防为主，综合治理”方针，提高应对风险和防范事故的能力，保障员工安全健康和公众生命安全，最大限度地减少财产损失、环境损害和社会影响的重要措施。

事故应急预案在应急系统中起着关键作用，它明确了在突发事故发生之前、发生过程中以及刚刚结束之后，谁负责做什么、何时做，以及相应的应对策略和资源准备等。它是针对可能发生的重大事故及其影响和后果的严重程度，为应急准备和应急响应的各个方面所预先做出的详细安排，是开展及时、有序、有效事故应急救援工作的行动指南。

应急预案的工作原则：以人为本，减少危害；居安思危，预防为主；统一领导，分级负责；依法规范，加强管理；快速反应，协同应对；依靠科技，提高素质。

第三节　安全与应急文化知识

一、安全文化相关知识

1. 安全文化概念

安全文化是人类安全活动所创造的安全生产、安全生活的精神、观念、行为与物态的总和。这种定义建立在“大安全观”和“大文化观”的概念基础上，在安全观方面包括企业安全文化、全民安全文化、家庭安全文化等，在文化观方面既包含精神、观念等意识形态的内容，也包括行为、环境、物态等实践和物质的内容。

2. 安全文化的功能

在我们生活和生产过程中，保障安全的因素有很多，但归根结底是人的安全素质，人的安全意识、态度、知识、技能等。安全文化的建设对提高人的安全素质可发挥重要的作用。我们常说文化是一种力，那么这个“力”有多大？这个“力”表现在哪些方面？从国际上和我国安全生产方面搞得好的企业来看，文化力，第一是影响力，第二是激励力，第三是约束力，第四是导向力。这四种“力”，也可以叫四种功能。

（1）影响力是通过观念文化的建设，影响决策者、管理者和员工对安全的正确态度和意识，强化社会每一个人的安全意识。

（2）激励力是通过观念文化和行为文化的建设，激励每一个人安全行为的自觉性，具体对于企业决策者，就是要对安全生产投入重视、具备积极的管理态度；对员工则是安全生产操作、自觉遵章守纪。

（3）约束力是通过强化政府行政的安全责任意识，约束其审批权；通过管理文化的建设，提高企业决策者的安全管理能力和水平，规范其管理行为；通过制度文化的建设，约束员工的安全生产施工行为，消除违章。

（4）导向力是对全社会每一个人的安全意识、观念、态度、行为的引导。对于不同层次、不同生产或生活领域、不同社会角色和责任的人，安全文化的导向作用既有相同之处，也有不同方面。如对于安全意识和态度，无论什么人都应是一致的；而对于安全的观念和具体的行为方式，则会随具体的层次、角色、环境和责任不同而有别。

安全文化的这四种功能对安全生产的保障作用将越来越明显、越来越强烈地表现出来。这一点在人类安全科学技术的进步历程中得到充分证明，即早期的工业安全主要靠安全技术的手段（物化的条件）；在安全技术达标的前提下，进一步提高系统安全性，需要安全管理的力量；要加强管理的力度，人类应用了安全法规的手段；在上述前提下，人类安全对策的发展，需要文化的力量才能奏效。

3. 安全知识

（1）安全色。我国规定了红、蓝、黄、绿四种颜色为安全色，其含义和用途如下。

红色的含义为禁止、停止，主要用于禁止标志、停止信号，如机器、车辆上的紧急停止手柄或按钮以及禁止人们触动的部位。红色也表示防火。

蓝色的含义为指令必须遵守的规定，主要用于指令标志，如必须佩戴个人防护用具、道路指引车辆和行人行走方向的指令。

黄色的含义为警告、注意，主要用于警告标志、警戒标志，如厂内危险机器和坑池周围的警戒线、行车道中线、机械齿轮箱的部位、安全帽等。

绿色的含义为提示、安全状态、通行，主要用于提示标志，如车间内的安全通道、行人和车辆通行标志、消防设备和其他安全防护装置的位置。

另外，蓝色只有与几何图形同时使用时才表示指令。为了不与道路两旁绿色行道树相混淆，道路上的提示标志用蓝色。

（2）安全标志。安全标志是由安全色、几何图形和图形符号所构成，用以表达特定的安全信息，目的是引起人们对不安全因素的注意，预防发生事故，但不能代替安全操作规程和防护措施。安全标志不包括航空、海运及内河航运上的标志。

安全标志分为禁止标志、警告标志、指令标志和提示标志四类。

禁止标志的含义是不准或制止人们的某种行动。其几何图形为带斜杠的圆环，斜杠和圆环为红色，图形符号为黑色，其背景为白色。

禁止吸烟

禁止带火种

禁止合闸

禁止穿化纤服装

警告标志的含义是使人们注意可能发生的危险。其几何图形是正三角形，三角形的边框和图形符号为黑色，其背景色为黄色。

注意安全

当心触电

当心机械伤人

当心吊物

指令标志的含义是告诉人们必须遵守某项规定，其几何图形是圆形，其背景是具有指令意义的蓝色，图形符号为白色。

必须戴防护手套

必须穿防护鞋

必须系安全带

必须穿救生衣

提示标志的含义是向人们指示目标和方向，其几何图形是长方形，底色为绿色，图形符号及文字为白色。但消防的7个提示标志，其底色为红色，图形符号及文字为白色。

闭险处

可动火区

紧急出口

（3）“三同时”审查验收制度。所谓“三同时”审查验收制度，是指劳动部颁布的《关于生产性建设工程项目职业安全卫生监察的暂行规定》中所做的明确规定，即一切生产性的基本建设工程项目、技术改造和引进的工程项目（包括港口、车站、仓库）都必须符合国家职业安全与卫生方面的有关法规、标准的规定。建设项目中职业安全与卫生技术措施和设施，应与主体工程同时设计、同时施工、同时投产使用，习惯上称之为“三同时”。我国2002年实施的《安全生产法》第二十四条和2014年修订后的《安全生产法》第二十八条均对此做了进一步的强调：“生产经营单位新建、改建、扩建工程项目（以下统称建设项目）的安全设施，必须与主体工程同时设计、同时施工、同时投入生产和使用。”而国家安全生产监督管理总局令第36号《建设项目安全设施“三同时”监督管理暂行办法》给出了更为明确具体的要求。

建设项目从计划建设到建成投产，一般要经过四个阶段和五道审批手续，即确定项目、设计、施工和竣工验收四个阶段；项目建议书、可行性研究报告、设计任务、初步设计和开工报告五道审批手续。其实这些就是一个建设项目全寿命周期的安全关键点或转折点。如果在这些点做好审查，把好关，安全生产就会得到有效的保障。所以，为保证“三同时”理念的落实，国家安全生产监督管理总局明确规定了安全审查验收的三大环节：可行性研究审查、初步设计审查和竣工验收审查，并依此对建设单位的“三同时”工作实施综合监督管理。

（4）四不伤害原则：不伤害自己；不伤害他人；不被他人伤害；不让他人被伤害。

（5）四不放过原则。伤亡事故发生后，应遵循“四不放过”的原则进行事故处理。四不放过为：事故原因未查明不放过；事故责任者未处理不放过；有关人员未受到教育不放过；整改措施未落实不放过。

（6）不安全心理状态。大量的事故调查和统计分析表明，许多事故是由于明知故犯、违章作业引起的，这些心理因素可以归纳为以下几点：

① 侥幸心理。这种心理习惯造成事故的概率较大。一般情况下，虽然工作岗位存在危险有害因素，但只要严格遵守作业规范，阻断事故链，就不会发生事故。对一些事故，很多年从未发生，人们心理上的危险感就会降低，容易产生麻痹心态，认为事故根本不会发生。但往往这种情况下事故反而容易发生。例如，某施工人员不戴安全帽进入工地现场而没发生事故，就抱着侥幸心理养成了每次上工不戴安全帽的坏习惯，认为没必要，戴上又闷又累还不方便，把工地门口的安全提醒标志不当回事，这样就会给自己和他人的安全带来很大的事故隐患。

② 省能心理。人们总是希望以最小的付出获得最大的回报，虽然这种心理在促进工作技术方法革新方面有着积极的作用，但如果在安全操作方面，往往容易引发事故。许多事故是在员工嫌麻烦等心理状态下发生的。例如，拆除脚手架的高处作业人员，必须戴安全帽和系安全带，但有些施工人员为了图一时方便，不系安全带就开始工作，这种心理必然会给自己带来损害的隐患。

③ 逆反心理。由于环境的影响，某些个人会在好奇心、求知欲、偏见和对抗情绪等心理状态下，产生一种反常的心理反应，往往会去做一些不该做的事情。有些施工人员认为自己工作经验丰富，用不着别人指手画脚，在他们看来那些过多的安全预防措施是小题大做、故意找茬，因此产生了“你要我这样，我偏要那样”“越不许干，我偏要这样干”的逆反心理。

④ 凑兴心理。凑兴心理是人在群体中产生的一种人际关系的心理反应，凑兴可以给予同伴友爱和力量，但如果通过凑兴行为来发泄剩余精力，就会导

致一些不理智的行为。凑兴心理多见于精力旺盛而又缺乏经验的青年人。例如上班期间嬉笑打闹，汽车司机开飞车等。他们的违章行为难以预料，应该用更加生动的方式加强安全培训教育，控制无节制凑兴行为的发生。

⑤ 从众心理。从众心理是人们在适应群体生活中产生的一种反应，不从众容易引发社会精神压力。由于人们具有从众心理，因此，不安全行为容易被效仿。假设有几个工人不按规章操作，未发生事故，同班的其他工人也会违章操作，因为他们怕被别人耻笑怕死、技术差等。这类从众心理严重威胁着安全生产。

(7) 事故的基本特性。大量的事故调查、统计、分析表明，事故有其自身特有的属性。掌握和研究这些特性，对于指导人们认识事故、了解事故和预防事故具有重要意义。

① 普遍性。由安全与危险的定义可知，安全是相对的，危险是绝对的，因而危险具有普遍性。而危险是事故发生的必要条件，故事故也具有普遍性。这就意味着我们无论从事任何活动，都存在着发生事故、造成伤害或损失的可能。所以，才会有“我们要时刻绷紧头脑中安全这根弦”“安全工作要常抓不懈”这类的说法。

② 随机性。也称偶然性。这包括两个方面：一是事故发生的时间、地点、形式和规模具有随机性，二是事故后果的严重程度也是不确定的，而且两者是相互独立的。也就是说，无论科学技术发展到何种程度，对何时、何地发生何种事故，其后果如何，都不可能准确预测。正是因为事故具有随机性，很多人才有侥幸心理；正是因为事故具有随机性，我们研究事故比研究其他问题更难。用一种通俗的说法就是，其他学科一般都是研究一万的，而安全学科是研究万一的。当然，这种偶然性并非意味着没有任何规律可循，比如在一定的范围内，事故遵循数理统计规律，即在大量事故统计资料的基础上，可以找出事故发生的规律，预测事故发生概率的大小和可能的严重程度。因此，事故的发生具有偶然性，但其是否发生与我们安全管理水平的高低有着必然的联系，我们必须充分认识这一点。

③ 必然性。危险是客观存在的，如果我们没有采取相应的措施，则发生事故的可能性与其后果的严重程度就可能超出我们的可接受水平。从哲学的角度讲，危险的存在进而导致事故发生是事故这个客观事物的本质，是不可避免、一定如此的趋向。因此，人们在生产、生活过程中必然会发生事故，只不过事故发生的概率大小、人员伤亡的多少和财产损失的严重程度不同而已。人们采取措施预防事故，只能延长事故发生的时间间隔，从而降低事故发生的概率。表面看来，事故仿佛带有极大的偶然性，其实在这种偶然性中隐藏着必然性。虽在意料之外，实在情理之中。正如恩格斯所说：“那被断定为必然的东

西，是由种种纯粹的偶然所构成的；而被认为是偶然的东西，则是一种有必然性隐藏在里面的形式”。认识到事故的这两种特性及其之间的关系，对于我们的事故控制工作至关重要。

④ 因果相关性。事故是由系统中相互联系、相互制约的多种因素共同作用的结果，导致事故的原因也是多种多样。但是无论何种事故，其原因和结果之间一定存在某种我们已知或者未知的联系，这种联系就是事故的重要特性——因果相关性。正是因为事故具有该特性，我们才有研究事故的必要与可能。这种因果关系其实就是事故的规律，根据这个规律，我们消除原因，或者切断、弱化原因与结果之间的联系，就可以达到预防事故或减少事故损失的目的。例如火灾的发生必须可燃物、引火源和助燃物（氧化剂）这三要素齐备，这样我们完全控制其中一个要素就可以使其不发生，最典型的就是控制引火源。但引火源形式的多种多样使我们防不胜防，故我们兼而控制可燃物以期达到火灾控制的目的。当然这种因果关系一来比较难以确定，二来有时比较复杂，比如说，可能会一因多果，也可能多因一果等，这也正是安全科学得以生存和发展的根本动力。

⑤ 突变性。系统由安全状态转化为事故状态实际上是一种突变现象。与其他事物一样，事故的发生都经历一个由量变到质变的发展过程。但与大部分事物不同的是，事故的发生过程往往还存在着大量的突然变化和跃迁现象，每每令人措手不及。因此，制定事故预案，加强应急救援训练，提高作业人员的应急反应能力和应急救援水平，对于减少人员伤亡和财产损失尤为重要。

⑥ 潜伏性。事故的发生具有突变性，但在事故发生之前大多存在着一个量变过程，即系统内部相关参数的渐变过程，所以事故具有潜伏性，事故隐患的存在就是这种特性的典型代表。事故的潜伏性往往会造成人们的麻痹思想，从而与事故预防失之交臂进而酿成重大恶性事故。找到这些相关参数，并采取合理措施对其加以控制或监测，就可以及时了解事故的发展过程，认清事故规律，消除事故隐患，实现事故预防。其实，这就是所谓的事故预警。

⑦ 危害性。事故往往造成一定的财产损失或人员伤亡。严重者会制约企业的发展，造成人们的心理创伤，给社会稳定带来不良影响，人们之所以如此关注事故，原因就在于此。事故的危害性主要体现在其造成损失的多样性和后果的严重性两个方面。当然，其所致损失并非一定能用金钱度量。

⑧ 可预防性。尽管事故的发生机理一般比较复杂，而且其存在着发生的必然性，但事故仍然具有可预防性。我们知道任何事故都具有因果相关性，故而我们可以通过诸多的科学技术手段找到这种特性。而且随着科学技术的不断发展，人类对事故的认知水平和控制能力势必逐步提高，进而认识到以往未知

的事故特性并采取相应的措施控制。充分认识事故的这一特性，可增强我们安全管理工作的信心。

以上八种基本特性是所有事故共有的，对我们认知事故的本质以及明确控制事故的最佳手段将会起到至关重要的作用。而事故的随机性和因果相关性更是重中之重。

（8）安全生产检查。安全检查是安全生产管理工作中的一项重要内容，是保持安全环境、矫正不安全操作、防止事故的一种重要手段。从理论上讲，安全检查是系统原理中反馈原则的具体体现，是安全管理的两大反馈手段之一。由于其与事故调查的最大不同之处就在于安全检查在事故前进行，其事故预防的功能显而易见。从实践上说，它是多年来从生产实践中创造出来的一种好形式，是安全生产工作中运用群众路线的方法，是发现不安全状态和不安全行为的有效途径，是消除事故隐患、落实整改措施、防止伤亡事故、改善劳动条件的重要手段。究其本质，安全检查应该说是一种及时发现检查对象的变化，并从中找到那些可能与事故相关的因素进而采取措施进行事故预防的过程。当然，找到那些可能导致事故且可通过安全检查手段发现的变化，并确定影响这些变化的因素进而采取合理的控制措施是安全检查研究科学发展的主题所在。安全检查的内容主要有：

① 查思想。即检查各级生产管理人员对安全生产的认识，对安全生产的方针政策、法规和各项规定的理解与贯彻情况，检查全体员工是否牢固树立了“安全第一，预防为主”的思想，检查各有关部门及人员能否做到当生产、效益与安全发生矛盾时，把安全放在第一位。

② 查管理。安全检查也是对企业安全管理的大检查，主要检查安全管理的各项具体工作的实行情况，如安全生产责任制和其他安全管理规章制度是否健全、能否严格执行，安全教育、安全技术措施、伤亡事故管理等的实施情况及安全组织管理体系是否完善等。

③ 查隐患。这是安全检查的主要工作内容，主要以现场检查为主。即深入生产作业现场，检查劳动条件、生产设备、安全卫生设施是否符合要求，员工在生产中的不安全行为等。根据需要，其形式可以是全面性的一般检查，也可以是专业性较强的深入检查。

④ 查整改。对被检查单位上一次查出的问题或经事故调查发现的问题，按其当时登记的项目、整改措施和期限进行复查。检查是否进行了及时整改和整改的效果。如果没有整改或整改不力，要重新提出要求，限期整改。对重大事故隐患，应根据不同情况进行查封或拆除。

此外，还应检查企业对工伤事故是否及时报告、认真调查、严肃处理。在检查中，如发现未按“四不放过”的要求草率处理事故，要严肃处理，从中找出原因，采取有效措施，防止类似事故重复发生。

安全检查的形式按检查的性质，可分为一般性检查、专业性检查、季节性检查和节假日前后的检查等；按检查的方式，则可分为定期检查、连续检查、突击检查、专项检查等；按检查的手段，又可分为仪器测量、照相摄影、肉眼观察、口头询问等。

安全检查主要由各基层单位的专兼职安全员、企业安技部门、上级主管部门及有关设备的专职安全工作人员进行。企业管理人员、基层管理人员、工程技术人员和工人也应负责自己责任范围内的安全检查工作。

通过安全检查能及时了解和掌握安全工作情况，及时发现问题，并采取措施加以整顿和改进，同时又可总结好的经验，进行宣传和推广。通过安全检查，查找不安全的物质状况和不安全操作情况并及时改正，是管理部门防止事故、保证安全的较好方法。

随着现代管理方法的推广和应用，安全检查也逐步朝着科学化、系统化、规范化、程序化的方向发展，并同时形成与国家的职业安全健康监察机制的有机结合。以安全检查表为中心的系统安全检查方法和以电子计算机为主的新型监控设备的应用，使得对事故的控制、隐患的排除、措施的执行更为及时、有效，安全检查的效果更为突出。

(9) 安全生产的“五道防线”。安全生产的“五道防线”指的是：思想防线、自我防线、群众防线、组织防线、制度防线。

(10) 安全生产月。我国于1980年5月在全国开展安全生产月（1991～2001年改为“安全生产周”），并确定以后每年6月都开展安全生产月，使之经常化、制度化。

2020年第19个安全生产月主题：“消除事故隐患、筑牢安全防线”。

2019年第18个安全生产月主题：“防风险、除隐患、遏事故”。

2018年第17个安全生产月主题：“生命至上 安全发展”。

2017年第16个安全生产月主题：“全面落实企业安全生产主体责任”。

2016年第15个安全生产月主题：“强化安全发展观念，提升全民安全素质”。

2015年第14个安全生产月主题：“加强安全法治，保障安全生产”。

2014年第13个安全生产月主题：“强化红线意识、促进安全发展”。

2013年第12个安全生产月主题：“强化安全基础　推动安全发展”。

2012年第12个安全生产月主题：“科学发展　安全发展”。

2011年第11个安全生产月主题：“安全责任、重在落实”。

2010年第9个安全生产月主题：“安全发展、预防为主”。

2009年第8个安全生产月主题：“关爱生命、安全发展”。

2008 年第 7 个安全生产月主题：“治理隐患　防范事故”。

2007 年第 6 个安全生产月主题：“综合治理、保障平安”。

2006 年第 5 个安全生产月主题：“安全发展　国泰民安”。

2005 年第 4 个安全生产月主题：“遵章守法　关爱生命”。

2004 年第 3 个安全生产月主题：“以人为本　安全第一”。

2003 年第 2 个安全生产月主题：“实施安全生产法　人人事事保安全”。

2002 年第 1 个安全生产月主题：“安全责任重于泰山”。

2001 年第 11 个安全生产周主题：“落实安全规章制度　强化安全防范措施”。

2000 年第 10 个安全生产周主题：“掌握安全知识　迎接新的世纪”。

1999 年第 9 个安全生产周主题：“安全·生命·稳定·发展”。

1998 年第 8 个安全生产周主题：“落实责任　保障安全”。

1997 年第 7 个安全生产周主题：“加强管理　保障安全”。

1996 年第 6 个安全生产周主题：“遵章守纪　保障安全”。

1995 年第 5 个安全生产周主题：“治理隐患　保障安全”。

1994 年第 4 个安全生产周主题：“勿忘安全 珍惜生命”，控制事故为目的，开展“不伤害自己，不伤害他人，不被他人伤害”为内容的安全生产活动。

1993 年第 3 个安全生产周主题：“遵章守纪　杜绝三违”，控制事故为目的。

1992 年第 2 个安全生产周以为国有大中型企业创造良好的安全生产环境和提高全社会的安全生产意识为目的。

1991 年第 1 个安全生产周以安全就是效益和提高员工安全意识为主要内容。

1984 年第 5 个全国安全月（无主题）。

1983 年第 4 个全国安全月（无主题）。

1982 年第 3 个全国安全月（无主题）。

1981 年第 2 个全国安全月（无主题）。

1980 年第 1 个全国安全月（无主题）。

二、应急文化相关知识

1. 应急文化概念

应急文化是人类应对事故灾害所创造的事前预防、预备，事中响应、救援，事后恢复、重建的精神价值与物质价值的总和。应急文化属于总体国家安全观范畴，是安全文化体系中的重要子文化，高于或横跨于企业安全文化、社区安全文化、校园安全文化、公共安全文化等领域。

2. 应急文化的功能

(1) 凝聚功能。通过应急文化的思想、意识、情感和行为规范的潜移默化，显示出应急文化对大众安全与健康需求的特殊融合和统一，能够凝聚人们的应急意识和思想。

(2) 激励功能。文化力的激励功能，指的是文化力能使企业成员从内心产生一种情绪高昂、奋发进取的效应。通过发挥人的主动性、创造性、积极性、智慧能力，使人产生激励作用。

(3) 规范功能。应急文化的宣传和教育，将会使人们加深对应急预案的正确理解和认识，从而对人们应对事故灾害的行为起到规范作用，形成自觉的、持久的行为约束性。

(4) 动力功能。倡导安全文化正是帮助员工认识安全文化的意义，从“要我安全”转变为“我要安全”，进而发展到“我会安全”的能动过程。

(5) 传播功能。通过应急文化的培训、教育、演练等手段，采用传统和现代的应急文化教育方式，对企业员工进行传统和现代的应急文化教育，包括应急常识、应急技能、应急态度、应急意识、应急法规等教育，从而广泛地宣传和传播应急文化知识和应急科学技术。

3. 应急知识

(1) 突发事件的定义。突发事件是指突然发生，造成或者可能造成重大人员伤亡、财产损失、生态环境破坏和严重社会危害，危及公共安全，需要立即处理的紧急事件。

(2) 突发事件的分类。突发事件主要分成 4 类，见图 3-2。

自然灾害	• 包括水旱灾害、气象灾害、地震灾害、地质灾害、海洋灾害、生物灾害和森林草原火灾等。 • 如 2009 年全国大部分地区旱灾；2008 年 5 月 12 日，四川大地震。
事故灾难	• 主要包括工况商贸等企业的各类安全事故、交通运输事故、公共设施和设备事故、环境污染和生态破坏事件等。 • 如 2019 年 3 月 21 日江苏天嘉宜化工有限公司化学储罐发生爆炸事故。
公共卫生事件	• 主要包括传染病疫情、群体性不明原因疾病、食品安全和职业危害、动物疫情以及其他严重影响公众健康和生命安全的事件。 • 如 2020 年新冠肺炎的暴发。
社会安全事件	• 主要包括恐怖袭击事件、经济安全事件、涉外突发事件等。 • 如美国“9・11”恐怖袭击事件。

图 3-2　突发事件的分类

（3）突发事件分级。按照社会危害程度、影响范围、突发事件性质和可控性等因素将自然灾害、事故灾难、公共卫生事件等分为四级，即特别重大事件、重大事件、较大事件和一般事件。

（4）“一案三制”体系。

一案：应急预案。

三制：应急管理体制、运行机制和法制。

一要建立健全和完善应急预案体系。就是要建立“纵向到底，横向到边”的预案体系。所谓“纵”，就是按垂直管理的要求，从国家到省、市、县、乡镇各级政府和基层单位都要制定应急预案，不可断层；所谓“横”，就是所有种类的突发事件都要有部门管，都要制定专项预案和部门预案，不可或缺。相关预案之间要做到互相衔接，逐级细化。预案的层级越低，各项规定就要越明确、越具体，避免出现“上下一般粗”的现象，防止照搬硬套。

二要建立健全和完善应急管理体制。主要建立健全集中统一、坚强有力的组织指挥机构，发挥我们国家的政治优势和组织优势，形成强大的社会动员体系。建立健全以事发地党委、政府为主，有关部门和相关地区协调配合的领导责任制，建立健全应急处置的专业队伍、专家队伍。必须充分发挥人民解放军、武警和预备役民兵的重要作用。

三要建立健全和完善应急运行机制。主要是要建立健全监测预警机制、信息报告机制、应急决策和协调机制、分级负责和响应机制、公众的沟通与动员机制、资源的配置与征用机制、奖惩机制和城乡社区管理机制等。

四要建立健全和完善应急法制。主要是加强应急管理的法制化建设，把整个应急管理工作建设纳入法制的轨道，按照有关的法律法规来建立健全预案，依法行政，依法实施应急处置工作，把法治精神贯穿于应急管理工作的全过程。

（5）应急管理的四个阶段。根据突发事件的特点，突发事件应急管理应强调对潜在突发事件实施全过程的管理，即由预防、准备、响应和恢复四个阶段组成，见图 3-3。

① 预防。预防是指为预防控制或消除事故对人类生命财产危害所采取的行动。一般包括风险辨识、评价与控制，安全规划，安全研究，安全法规、标准制定，危险源监测监控，灾害保险，公共应急教育和税务鼓励与强制性措施等内容。

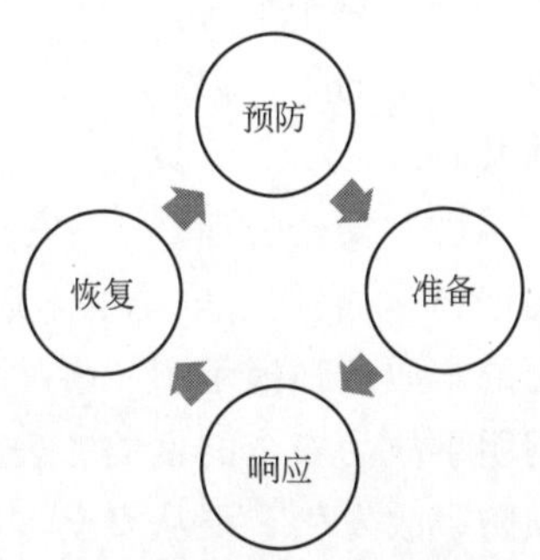

图 3-3　应急管理的四个阶段

② 准备。准备是指针对可能发生的事故，为迅速、有序地开展应急行动而预先进行的组织准备和应急保障。目的是提高事故发生时的应急行动能

力。一般包括制定应急救援方针与原则，建立应急救援工作机制，编制应急救援预案，建设应急通告报警、应急医疗等系统，进行应急培训、训练与演习，筹备应急资源，提高应急能力，签订互相救援协议和实施特殊保护计划等内容。

③ 响应。响应是指事故发生后，有关组织或人员采取的应急行动。目的是保护人员的生命、减少财产损失、控制事故进程。一般包括启动应急通告报警系统、提供应急医疗援助、对公众进行应急事务说明、实施现场指挥和救援、控制事故进程、引导人员疏散和避难、环境保护和监测、现场搜寻和营救等内容。

④ 恢复。恢复是指事故的影响得到初步控制后，为使生产、工作、生活和生态环境尽快恢复到正常状态而采取的措施或行动。一般包括损失评估、废墟清理、灾后重建、应急预案复查、事故调查和失业评估等内容。

突发事件应急管理贯穿于各个过程，并充分体现“预防为主、常备不懈”的应急理念。事故的应急管理是一个动态的过程。

第四节　安全生产理论知识

一、安全科学基本原理

1. 安全公理

（1）安全公理1——安全的重要性。安全公理1概念为“生命安全至高无上”，表明了安全的重要性。“生命安全至高无上”是指生命安全在一切事物和活动中，必须置于最高、至上的地位，即要树立“安全为天，生命为本”的安全理念。对于个人，没有生命就没有一切；对于企业，没有个人的生命，就没有最基本的生产力。生命安全是个人和家庭生存的根本，也是企业和社会发展的基石。

（2）安全公理2——安全的本质性。安全公理2概念为“事故是安全风险的产物”，表明了安全的本质性或根本性。“事故是安全风险的产物”揭示了安全的本质性，揭示了“事故-安全-风险”的关系。从中解读出如下内涵：一是阐明事故为安全的目的、表象或结果；二是风险为安全的本质和内涵；三是要预防事故发生，要从安全本质——风险入手，实现风险可接受。

（3）安全公理3——安全的相对性。安全公理3概念为“安全是相对的”，表明了安全的相对性。“安全是相对的”是指人类创造和实现的安全状态和条件是相对于时代背景、技术水平、社会需求、行业需要、法规要求而存在的，是动态变化的，现实中做不到“绝对安全”。安全只有相对，没有绝对；安全只有更好，没有最好；安全只有起点，没有终点。

（4）安全公理4——安全的客观性。安全公理4概念为“危险是客观的”。“危险是客观的”是指社会生活、公共生活和工业生产过程中，来自技术与自然系统的危险因素是客观存在的，不以人的意志为转移。危险和安全是一对相伴存在的矛盾，危险是客观的、有规律的，安全也是客观的、有规律的。

（5）安全公理5——安全的必要性。安全公理5概念为“人人需要安全”，反映了安全的必要性、普遍性和普适性。“人人需要安全”是指世界上每一个自然人、社会人，无论地位高低、财富多少，都需要和期望自身的生命安全健康，都需要安全生存、安全生活、安全生产、安全发展。

2. 安全定理

（1）安全定理1——安全第一。安全定理1概念为：“坚持安全第一的原则”。安全定理1是安全活动的基本准则。“坚持安全第一的原则”是指人类在一切生产和生活活动过程中，必须时时处处、人人事事“优先安全”“强化安全”“保障安全”。对于企业，安全生产是企业生产经营的前提和保障，没有安全就无法生产，安全事故的发生不仅伤害员工的生命，还会造成生产效益和效率的下降。

（2）安全定理2——一切事故可预防。安全定理2概念为：“秉持一切事故可预防信念”。安全定理2是安全活动的基本认知。“秉持一切事故可预防信念”是指从理论上和实践上讲，任何事故的发生都是可预防的，事故后果都是可控的。首先，事故是风险的产物；其次，风险是可以预防的。由“事故是安全风险的产物”这一公理可知，风险是导致事故发生的原因。因此，风险是可以预防的，如果我们能够实现对风险的预防和控制，那么就能够实现对事故的预防。

（3）安全定理3——安全永续发展。安全定理3概念为：“遵循安全永续发展的规律”。安全定理3是安全活动的发展理念。“遵循安全永续发展的规律”包括两个方面：一是指人类对安全的需求是变化和发展的过程，人类的安全认知、安全标准、安全科学技术是不断提高、不断完善的；二是指人类的社会发展和经济发展要以安全发展为基础。只有安全发展，才能有社会经济的长远发展和持续发展。

（4）安全定理4——持续安全措施。安全定理4概念为：“把握持续安全措施方法”。安全定理4是安全活动的持续观念。“把握持续安全措施方法”指安全是一个长期发展的实践过程，在任何时期从事安全活动，都要注重安全理念和方法的科学性、持续性、有效性、系统性。为此，必须树立持续安全的观念，强调持续安全的理论，把握持续安全的方法，坚持并不断改进安全措施，做到安全警钟长鸣。

（5）安全定理5——安全人人有责。安全定理5概念为：“遵循安全人人有责的准则”。安全定理5是安全活动的必然要求。“遵循安全人人有责的准则”是指安全需要人人参与、人人当责，应坚持“安全义务，人人有责”的原则，建立全员安全责任网络体系，实现安全人人负责、安全人人共享。

二、事故致因理论

1. 事故致因“4M”要素理论

基于事故致因的分析，事故系统涉及4个基本要素，通常称“4M”要素。

① 人的不安全行为（men）。人的不安全行为是事故最直接的因素，各类事故约有80%及以上与人因有关，有的行业事故比例甚至更高。人的不安全行为来自生理或心理的影响，包括故意、无意的不安全行为。故意的不安全行为如“三违”，无意的不安全行为包括生理的疲劳导致判断差错等的行为。

② 设备的不安全状态（machinery）指设备、设施的不安全状态，也是导致事故的直接因素，包括设计环节的缺陷，以及使用过程的功能失效等。物的因素约有30%～40%与事故有关。

③ 环境的不良影响（medium）指生产环境条件的不良或不安全状态，也是事故的直接因素，一般约有10%～20%的事故与环境因素有关，对于处于与自然环境因素或野外生产作业条件密切的行业，比例会更高，如交通、建筑、矿山等行业。环境因素包括自然环境因素，如气象因素、地理因素，以及人工环境因素，如照明、噪声、室温等物理因素和气体化学因素等。

④ 管理的缺陷（management）是指管理制度的欠缺或管理制度的不执行。管理的缺陷包括政府监管层面的法规、制度欠缺，以及监管不到位；企业生产经营过程的责任制度不落实，以及规章制度执行不力和过程管理的缺乏或偏差。管理因素是导致事故发生的间接因素，但也是重要的因素。管理对人、机、环境因素都会产生作用和影响，因此，发生事故100%与管理有关。

事故致因“4M”要素的逻辑关系见图3-4。

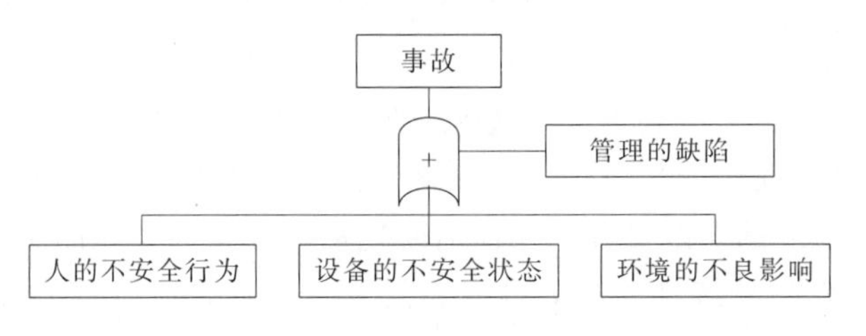

图3-4 事故致因“4M”要素的逻辑关系图

图 3-3 中表明：人因、物因、环境因素与事故是“逻辑或”的关系，即只要存在人因、物因，或者环境因素，就足以引发事故；管理的缺陷与事故具有“逻辑与”的关系，即管理是条件因素，管理与人因、物因、环境因素叠加最终引发事故，或者反过来表述为人因、物因、环境因素可能通过管理来规避或控制。例如交通事故：司机的不安全驾驶行为、车的不安全状态、路况不良、不遵守交通法规，任何一个因素，都会引起交通事故的发生。

根据事故致因“4M”要素理论，我们可以从人因、物因、环境因素、管理因素方面为预防事故指明路径和对策措施。

2. 事故金字塔

1 次严重事故，伴随 29 次轻微事故、300 次未遂事件、上千个隐患、无穷的危险因素，见图 3-5。

如果有效地消除和控制了 1000 个隐患，就能成功避免一次严重事故。

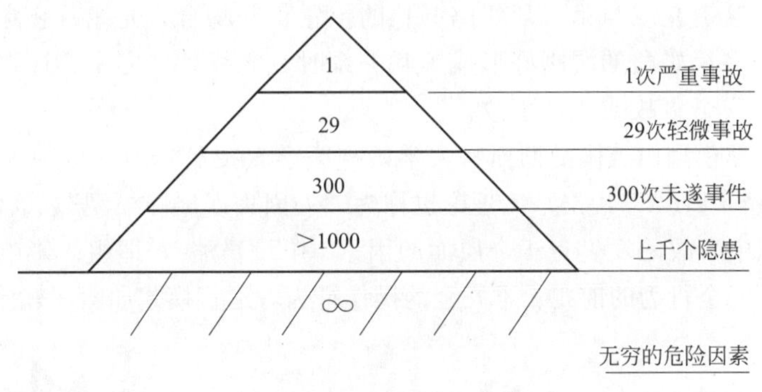

图 3-5　事故金字塔

3. 人-物轨迹交叉模型

设备故障（或缺陷）与人失误，两事件链的轨迹交叉就会构成事故。伤害事故是许多相互联系的事件顺序发展的结果。这些事件概括起来不外乎人和物（包括环境）两大发展系列。当人的不安全行为和物的不安全状态在各自发展过程中（轨迹），在一定时间、空间发生了接触（交叉），能量转移于人体时，伤害事故就会发生。而人的不安全行为和物的不安全状态之所以产生和发展，又是受多种因素作用的结果。

轨迹交叉理论的示意图见图 3-6。图中，起因物与致害物可能是不同的物体，也可能是同一个物体；同样，肇事人和受害人可能是不同的人，也可能是同一个人。

例如：不走斑马线的人与闯红灯的车相遇，必然发生交通事故。因此，规避交叉点是预防伤亡事故的基本措施。

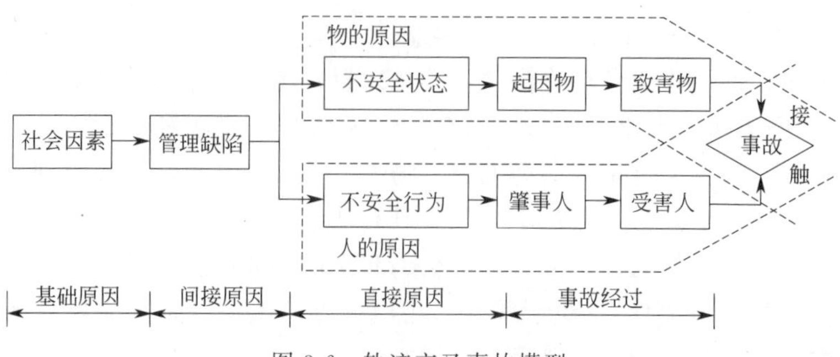

图 3-6 轨迹交叉事故模型

4. 瑞士奶酪模型

瑞士奶酪模型也叫“Reason 模型”，意思是放在一起的若干片奶酪，光线很难穿透，但每一片奶酪上都有若干个洞，代表每一个作业环节所可能产生的失误或技术上存在的短板，当失误发生或技术短板暴露时，光线即可穿过该片奶酪，如果这道光线与第二片奶酪洞孔的位置正好吻合，光线就叠穿过第二片奶酪，当许多片奶酪的洞刚好形成串联关系时，光线就会完全穿过，也就是代表着发生了安全事故或质量事故。

瑞士奶酪模型由英国曼彻斯特大学精神医学教授詹姆斯・瑞森等人于 1990 年在“Human Error”提出，该理论也称为“人因失误屏障模型”。该模型认为，在一个组织中事故的发生有 4 个层面的因素（4 片奶酪），即组织影响、不安全的监督、不安全行为的前兆、不安全的操作行为，运行模式如图 3-7 所示。

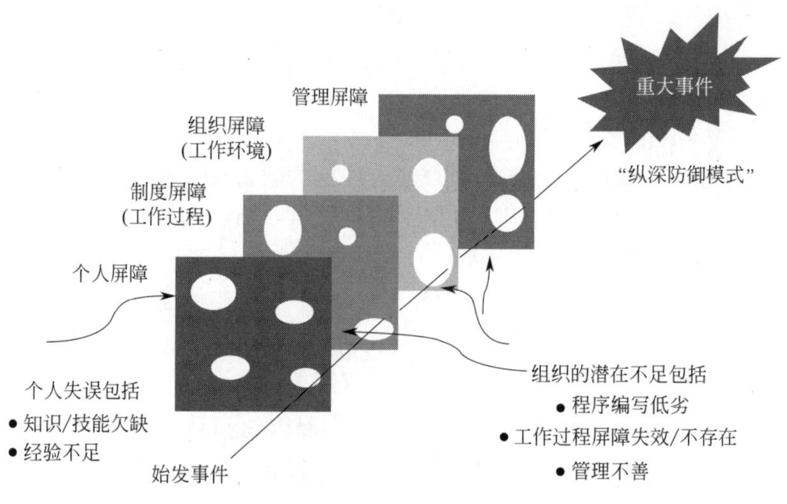

图 3-7 瑞士奶酪模型

一个完全没有错误的世界，就像没有孔洞的奶酪一样。在真实的世界里，把奶酪切成若干薄片，每层薄片都有许多孔洞，这些孔洞就像发生错误的管道。如果所犯的错误只是穿透一层，就不容易被注意到或是造成什么影响。如果这个错误造成的孔洞穿透多层防御机制，就会造成大灾难。这个模型适用于所有会因为失误造成致命后果的领域。

5. 薄板漏洞模型

所有的短板只要有可能同时出现，那它们就一定会同时出现。事故的发生是多个环节漏洞相对的结果。

从薄板漏洞模型得到启示：不要盲目相信上一个环节提供的输出是“必然的合格”，而是要不折不扣地对其进行把关。避免失效、消除缺陷、补好漏洞就能有效地防范事故。企业管理应当利用薄板漏洞模型全面查清内部控制各个工作环节中存在的漏洞。

例如：厨房煤气泄漏、未及时发现、浓度达到限度、电冰箱启动产生火星，多个环节的漏洞同时出现，必然产生煤气爆炸事故。因此，预防煤气燃爆事故，要从多个环节入手。

6. 能量转移理论

美国安全专家哈登把事故的本质概括为：事故是能量的不正常转移。能量转移理论从事故发生的物理本质出发，揭示阐述了事故的连锁过程：管理失误引发的人的不安全行为和物的不安全状态及其相互作用，使不正常的或不希望的危险物质和能量释放，并转移于人体、设施，造成人员伤亡和（或）财产损失。事故可以通过减少能量和加强屏蔽来预防。常见的能量类型及伤害形式如表 3-1 所示。

表 3-1　能量类型及伤害形式

能量类型	产生的原发性损伤	举例与注释
机械能	移位、撕裂、破裂和压榨，主要伤及组织	由于运动物体如子弹、刀具和下落物体冲撞造成的损伤，以及由于运动的身体冲撞相对静止的设备造成的损伤，具体的伤害结果取决于合力施加的部位和方式，大部分的伤害属于本类型
热能	凝固、烧焦和焚化，伤及身体任何层次	第一度、第二度和第三度烧伤，具体的伤害结果取决于热能作用的部位和方式
电能	干扰神经-肌肉功能，以及凝固、烧焦和焚化，伤及身体任何层次	触电死亡、烧伤、干扰神经功能，具体伤害结果取决于电能作用的部位和方式
电离辐射	细胞和亚细胞成分与功能的破坏	反应堆事故、治疗性与诊断性照射、滥用同位素、放射性坠尘的作用。具体伤害结果取决于辐射能作用的部位和方式

续表

能量类型	产生的原发性损伤	举例与注释
化学能	伤害一般要根据每一种或每一组的具体物质而定	包括由于动物性和植物性毒素引起的损伤，化学烧伤（如氢氧化钾、溴、氟和硫酸烧伤），以及大多数化学物质在足够剂量时产生的不太严重而类型很多的损伤

三、事故预防理论

1. 事故预防“3E”对策理论

事故预防“3E”对策理论是基于形式逻辑，将事故预防或安全保障的对策措施综合、宏观地提炼归纳的一套事故预防方法论。见图 3-8。该理论是安全生产的横向保障体系，也称为安全生产的三大保障支柱。即安全工程技术对策——科技强安，安全管理对策——管理固安，安全教育对策——文化兴安。

安全工程技术对策（engineering）	安全管理对策（enforcement）	安全教育对策（education）
• 运用工程手段可靠性高的生产工艺，采用安全技术、安全措施、安全检测等来消除不安全因素，实现生产工艺、机械设备等生产条件的安全。	• 借助于规章制度、法规等必要的行政乃至法律手段约束人们的行为。	• 利用各种形式的教育和训练，使职工树立“安全第一”的思想，掌握安全生产所必需的知识和技能。

图 3-8　事故预防“3E”对策理论

2. 事故预防“3P”对策理论

事故预防“三 P”对策理论是基于时间逻辑或层次逻辑，将事故预防或安全保障的对策措施规律全面地提炼归纳的一套事故预防方法论。见图 3-9。“3P”是事故的全过程防范体系，也是纵向的安全保障体系，一般简称为“事前”“事中”“事后”，“事前”是上策、“事中”是中策、“事后”是下策。即先其未然——事前预防策略，发而止之——事中应急策略，行而责之——事后惩戒策略。

事前预防（prevention）	事中应急（pacification）	事后惩戒（precept）
• 责任、培训、管理、工程技术、监督、检查、监测、预测、认证、许可、验收、审核等。	• 自救互救、预案应对、应急处置、救援逃生等。	• 诊断、医疗、康复、保险、追责、整改、完善、补偿等。

图 3-9　事故预防“3P”对策理论

四、安全生产基础知识

1. 安全技术两大知识体系

① 职业安全技术：

机：机械安全——防机械伤害、物体打击等事故。

电：电气安全——防触电事故。

爆：防火防爆——防火灾、爆炸事故等。

② 职业卫生技术：

尘：工业粉尘——防尘肺病。

毒：工业毒物——防中毒事故。

噪：噪声振动——防听力职业病等。

2. 危险化学品

危险化学品包括以下八类：爆炸品、压缩气体和液化气体、易燃气体、易燃固体、自燃物品和遇湿易燃物品、放射性物品、毒害品、氧化剂和有机过氧化物。

3. 生产过程危险有害因素

（1）物理因素。设备、设施缺陷；防护缺陷；电危害；噪声危害；震动危害；电磁辐射；运动物危害；明火；能造成灼伤的高温物质；能造成冻伤的低温物质；粉尘与气溶胶；作业环境不良；信号缺陷；标志缺陷；其他物理性危险有害因素。

（2）化学因素。易燃易爆性物质；自燃性物质；有毒物质；腐蚀性物质；其他化学性危险有害因素。

（3）生物因素。致病微生物；致害动物；传染病媒介物；致害植物；其他生物性危险有害因素。

（4）行为因素。指挥错误；操作失误；监护失误；其他行为性危险有害因素。

（5）心理生理因素。心理异常；从事禁忌作业；健康状况异常；辨识功能缺陷；负载超荷；其他心理生理性危险有害因素。

（6）其他因素。如合同方人员的活动。

4. 工伤事故类型

《企业职工伤亡事故分类》(GB 6441—1986）按致害原因将事故分为20类。

（1）物体打击。指失控物体的惯性力造成的人身伤害事故。如落物、滚石、锤击、碎裂、崩块、砸伤，不包括爆炸引起的物体打击。

（2）车辆伤害。指企业机动车辆引起的机械伤害事故，包括挤、压、撞、颠覆等。

（3）机械伤害。指机械设备或工具引起的绞、碾、碰、割、戳、切等伤害，不包括车辆、起重设备引起的伤害。

（4）起重伤害。指从事各种起重作业时发生的机械伤害事故，不包括上下驾驶室时发生的坠落伤害和起重设备引起的触电，以及检修时制动失灵引起的伤害。

（5）触电。电流流过人体或人与带电体间发生放电引起的伤害，包括雷击。

（6）淹溺。由于水大量经口、鼻进入肺内，导致呼吸道阻塞，发生急性缺氧而窒息死亡的事故，包括在航行、停泊、作业时发生的落水事故。

（7）灼烫。指强酸、强碱溅到身体上引起的灼伤，或火焰引起的烧伤，高温物体引起的烫伤，放射线引起的皮肤损伤等事故，不包括电烧伤及火灾事故引起的烧伤。

（8）火灾。指造成人身伤亡的企业火灾事故，不包括非企业原因造成的、属消防部门统计的火灾事故。

（9）高处坠落。指由于危险重力势能差引起的伤害事故，包括脚手架、平台、陡壁施工等场合发生的坠落事故，也包括由地面踏空失足坠入洞、沟、升降口、漏斗等引起的伤害事故。

（10）坍塌。指建筑物、构筑物、堆置物等倒塌以及土石塌方引起的事故，不包括矿山冒顶片帮事故及因爆炸、爆破引起的坍塌事故。

（11）冒顶片帮。指矿井工作面、巷道侧壁由于支护不当、压力过大造成的坍塌（片帮）以及顶板垮落（冒顶）事故，包括从事矿山、地下开采、掘进及其他坑道作业时发生的坍塌事故。

（12）透水。指从事矿山、地下开采或其他坑道作业时，意外水源带来的伤亡事故，不包括地面水害事故。

（13）爆破。由爆破作业引起的伤害事故，包括因爆破引起的中毒。

（14）火药爆炸。指火药与炸药在生产、运输、储藏过程中发生的爆炸事故。

（15）瓦斯爆炸。指可燃性气体瓦斯、煤尘与空气混合形成的混合物达到燃烧极限接触火源时引起的化学性爆炸事故。

（16）锅炉爆炸。指锅炉发生的物理性爆炸事故。此处锅炉包括使用工作压力大于0.07MPa、以水为介质的蒸汽锅炉，但不包括铁路机车、船舶上的锅炉以及列车电站和船舶电站的锅炉。

（17）容器爆炸。指压力容器破裂引起的气体爆炸（物理性爆炸）以及容器内盛装的可燃性液化气在容器破裂后立即蒸发，与周围的空气混合形成爆炸性气体混合物遇到火源时产生的化学爆炸。

（18）其他爆炸。包括可燃性气体、煤气、乙炔等与空气混合，可燃蒸气与空气混合（如汽油挥发），可燃性粉尘以及可燃性纤维与空气混合，间接形成的可燃气体与空气相混合，或者可燃蒸气与空气相混合形成爆炸性气体混合物遇火源而爆炸的事故。炉膛爆炸及钢水包、亚麻粉尘的爆炸等亦属“其他爆炸”。

（19）中毒和窒息。指人接触有毒物质或呼吸有毒气体引起的人体急性中毒事故，或在通风不良的作业场所，由于缺氧发生的突然晕倒甚至窒息死亡的事故。

（20）其他伤害。上述之外的伤害事故，如冻伤、扭伤、摔伤、野兽咬伤等。

5. 导致事故的两大类危险源

简单地说，危险源是导致事故的根源。影响危险源安全性的因素种类繁多、非常复杂，它们在导致事故发生、造成人员伤害和财物损失方面所起的作用也不相同。根据危险源在事故发生、发展中的作用，把危险源划分为两大类，即第一类危险源（物质类：爆炸性、易燃、活性化学、有毒物质等）和第二类危险源（状态类：不安全行为、不安全状态、环境不良等）。

（1）第一类危险源。根据能量转移论的观点，事故源于能量的不正常释放，或者说事故是能量或危险物质的不正常转移。所以我们把系统中存在的、可能发生意外释放的能量或危险物质称作第一类危险源。但能量或危险物质不能孤立存在，它们必须处于一定的载体中，而该载体也必须处于一定的环境中，因而在实际工作中往往把产生能量的能量源或拥有能量的能量载体看作第一类危险源来处理。例如，带电的导体等。常见的第一类危险源如下：

① 产生、供给能量的装置、设备。

② 使人体或物体具有较高势能的装置、设备、场所。

③ 能量载体。

④ 一旦失控可能产生巨大能量的装置、设备、场所，如强烈放热反应的化工装置等。

⑤ 一旦失控可能发生能量蓄积或突然释放的装置、设备、场所，如各种压力容器等。

⑥ 危险物质，如各种有毒、有害、可燃烧爆炸的物质等。

⑦ 生产、加工、储存危险物质的装置、设备、场所。

⑧ 人体一旦与之接触将导致能量意外释放的物体。

第一类危险源具有的能量越多，一旦发生事故其后果一般越严重。也就是说，对于第一类危险源，一般其危险性的大小与能量的高低、数量的多少密切相关。

（2）第二类危险源。在生产、生活中，为了利用能量，让能量按照人们的意图在系统中流动、转换和做功，必须采取措施约束、限制能量，即必须控制危险源。约束、限制能量的措施应该可靠地控制能量，防止能量意外地释放。实际上，绝对可靠的控制措施并不存在。在许多因素的共同作用下，约束、限制能量的控制措施可能会失效，能量屏蔽可能会被破坏而导致事故发生。我们把这种导致约束、限制能量的措施失控、失效或破坏的各种不安全因素称作第二类危险源。

从系统安全的观点来考察，使能量或危险物质的约束、限制措施失效、破坏的因素，即第二类危险源，包括人、物、环境三个方面的问题。

① 人的失误可能直接破坏对第一类危险源的控制，造成能量或危险物质的意外释放。例如，合错了开关使检修中的线路带电；误开阀门使有害气体泄放等。人的失误也可能造成物的故障，进而导致事故。例如，超载起吊重物造成钢丝绳断裂，发生重物坠落事故。

② 物的因素问题可以概括为物的故障，是指由于性能低下不能实现预定功能的现象。物的故障可能直接使约束、限制能量或危险物质的措施失效而发生事故。例如，管路破裂使其中的有毒有害介质泄漏等。有时一种物的故障可能导致另一种物的故障，最终造成能量或危险物质的意外释放。例如，压力容器的泄压装置故障，使容器内部介质压力上升，最终导致容器破裂。物的故障有时也会诱发人的失误，人的失误也会造成物的故障，实际情况比较复杂。

③ 环境因素主要指系统运行的环境，包括温度、湿度、照明、粉尘、通风换气、噪声和振动等物理环境，以及企业和社会的软环境。不良的物理环境会引起物的故障或人的失误。例如，潮湿的环境会加速金属腐蚀而降低结构或容器的强度；工作场所强烈的噪声影响人的情绪，分散人的注意力而发生人的失误。企业的管理制度、人际关系或社会环境影响人的心理，可能引起人的失误。

（3）危险源与事故。一起事故的发生是两类危险源共同起作用的结果。第一类危险源的存在是事故发生的前提，没有第一类危险源就谈不上能量或危险物质的意外释放，也就无所谓事故的发生。另外，如果没有第二类危险源破坏对第一类危险源的控制，也不会发生能量或危险物质的意外释放。第二类危险源的出现是第一类危险源导致事故的必要条件。

在事故的发生、发展过程中，两类危险源相互依存、相辅相成。第一类危险源在事故发生时释放出的能量是导致人员伤害或财物损坏的能量主体，决定事故后果的严重程度；第二类危险源出现的难易决定事故发生的可能性的大小。两类危险源共同决定危险源的危险性。

第五节 个体防护用品知识

一、个体防护用品分类

个体防护用品分为：

（1）头部防护类，包括用各种材料制作的安全帽、一般防护帽、防尘帽、防水帽、防寒帽、防静电帽、防高温帽、防电磁辐射帽、防昆虫帽等。

（2）呼吸器官防护类，包括过滤式防毒面具、滤毒罐（盒）简易式防尘口罩（不包括纱布口罩）、复式防尘口罩、过滤式防微粒口罩、长管面具。

（3）眼、面部防护类，包括电焊面罩、焊接镜片及护目镜、炉窑面具、炉窑目镜、防冲击眼护具。

（4）听觉器官防护类，包括用各种材料制作的防噪声护具，主要有耳塞、耳罩和防噪声头盔。

（5）防护服装类，包括防静电工作服、防酸碱工作服（除丝、毛面料外，材质必须经过特殊处理）、涉水工作服、防水工作服、阻燃防护服。

（6）手足防护类，包括绝缘、耐油、耐酸三种手套，绝缘、耐油、耐酸三种靴，盐滩靴，水产靴，用各种材料制作的低电压绝缘鞋，耐油鞋，防静电、导电鞋，安全鞋（靴）和各种劳动防护专用护肤用品。

（7）防坠落类防护用品，包括安全带（含速差式自控器与缓冲器）、安全网、安全绳。

（8）经有关部门确定的其他特种劳动防护用品。

二、使用个体防护用品应遵守的原则

使用个体防护用品要注意的问题有：

（1）选择防护用品应针对防护目的，正确选择符合要求的用品，绝不能选错或将就使用，以免发生事故。

（2）对使用防护用品的人员应进行教育和培训，使其能充分了解使用目的和意义，并正确使用。对于结构和使用方法较为复杂的用品，如呼吸防护器，应进行反复训练，使人员能熟练使用。用于紧急救灾的呼吸器，要定期严格检验，并妥善存放在可能发生事故的地点附近，方便取用。

（3）妥善维护保养防护用品，不但能延长其使用期限，更重要的是能保证用品的防护效果。耳塞、口罩、面罩等用后应用肥皂、清水洗净，并用药液消毒、晾干。过滤式呼吸防护器的滤料要定期更换，以防失效。防止皮肤污染的工作服用后应集中清洗。

（4）防护用品应有专人管理，负责维护保养，保证劳动防护用品充分发挥其作用。

三、正确佩戴安全帽

正确佩戴安全帽，应按以下要求进行操作：

（1）首先应该检查安全帽的外壳是否破损，有无合格帽衬，帽带是否完好。

（2）帽衬和帽壳不得紧贴，应有一定间隙（帽衬顶部间隙为 20～50mm，四周为 5～20mm）。

（3）安全帽必须带正。如果戴歪了，一旦受到打击，就起不到减轻对头部冲击的作用。当有物料落到安全帽壳上时，帽衬可起到缓冲作用，不使颈椎受到伤害。

（4）必须系紧下颌带。当人体发生坠落时，由于安全帽戴在头部，起到对头部的保护作用。

安全帽使用注意事项：

（1）要有下颌带和后帽箍，并拴系牢固，以防帽子滑落与碰掉；

（2）热塑性安全帽可用清水冲洗，不得用热水浸泡，不能放在暖气片上、火炉上烘烤，以防帽体变形；

（3）安全帽使用超过规定限值，或者受过较严重的冲击后，虽然肉眼看不到裂纹，也应予以更换，一般塑料安全帽使用期限为三年；

（4）佩戴安全帽前，应检查各配件有无损坏，装配是否牢固，帽衬调节部分是否卡紧，绳带是否系紧等，确保各部件完好后方可使用。

四、正确使用安全带

正确使用安全带，应按以下要求进行操作：

（1）在使用安全带时，应检查安全带的部件是否完整，有无损伤，金属配件的各种环不得是焊接件，边缘光滑，产品上应有“安鉴证”。

（2）使用围杆安全带时，围杆绳上有保护套，不允许在地面上随意拖着绳走，以免损伤绳套，影响主绳。

（3）安全带不得低挂高用，因为低挂高用在坠落时受到的冲击力大，对人体伤害也大。

（4）严禁使用打结和续接的安全绳，以防坠落时腰部受到较大冲击力而受伤。

（5）作业时应将安全带的钩、环挂在系留点上，各卡接扣紧，以防脱落。

（6）在温度较低的环境中使用安全带时，要注意防止安全绳的硬化割裂。

（7）使用后，将安全带、绳卷成盘状放在无化学试剂、避光处，切不可折叠。在金属配件上涂些机油，以防生锈。

第六节　危险化学品知识

一、危险化学品分类

按照《危险化学品安全管理条例》，危险化学品指具有毒害、腐蚀、爆炸、燃烧、助燃等性质，对人体、设施、环境具有危害的剧毒化学品和其他化学品。

危险化学品具有不同程度的燃烧、爆炸、毒害、腐蚀等特性，受到摩擦、撞击、震动，接触火源、日光、暴晒，温度变化或遇到性质相抵触的其他物品等外界因素的影响，容易引起燃烧、爆炸、中毒、灼烧等人身伤亡或财产损失事故。

二、常见有毒化学品对人体的危害

有毒化学品通常在生产中以气体、蒸气、雾、烟和粉尘形态存在，因此主要可经呼吸道和皮肤进入人体。

对人体的危害：有毒物质对人体的危害主要为引起中毒。中毒分为急性、亚急性和慢性。毒物一次短时间内大量进入人体后可引起急性中毒；少量毒物长期进入人体所引起的中毒称为慢性中毒；介于两者之间，称之为亚急性中毒。

接触毒物不同，中毒后的症状不一样，现将中毒后的主要症状分述如下：

（1）呼吸系统。在工业生产中，呼吸道最易接触毒物，特别是刺激性毒物，一旦吸入，轻者引起呼吸困难，重者发生化学性肺炎或肺水肿。引起呼吸系统损害的毒物有氯气、氨、二氧化硫、光气、氮氧化物，以及某些酸类、酯类、磷化物等。

（2）神经系统。神经系统由中枢神经（包括脑和脊髓）和周围神经（由脑和脊髓发出，分布于全身皮肤、肌肉、内脏等处）组成。有毒物质可损害中枢神经和周围神经，主要侵犯神经系统的毒物称为“亲神经性毒物”。

（3）血液系统。在工业生产中，有许多毒物能引起血液系统损害。如：苯、砷、铅等能引起贫血；苯、巯基乙酸等能引起粒细胞减少症；苯的氨基和硝基化合物（如苯胺、硝基苯）可引起高铁血红蛋白血症，患者突出的表现为皮肤、黏膜青紫；氧化砷可破坏红细胞，引起溶血；苯、三硝基甲苯、砷化合物、四氯化碳等可抑制造血机能，引起血液中红细胞、白细胞和血小板减少，发生再生障碍性贫血；苯可致白血病已得到公认。

（4）消化系统。有毒物质对消化系统的损害很大。如：汞可致毒性口腔炎；氟可致“氟斑牙”；汞、砷等毒物，经口侵入可致出血性胃肠炎；铅中毒，可致腹绞痛；黄磷、砷化合物、四氯化碳、苯胺等物质可致中毒性肝病。

（5）循环系统。某些有机溶剂中、某些刺激性气体和窒息性气体对心肌会有损害，表现为心慌、胸闷、心前区不适、心率快等；急性中毒可出现休克。长期接触一氧化碳可促进动脉粥样硬化等。

（6）泌尿系统。经肾随尿排出是有毒物质排出体外的最重要途径，加之肾血流量大，易受损害。泌尿系统各部位都可能受到有毒物质损害，如慢性铍中毒常伴有尿路结石，杀虫脒中毒可出现出血性膀胱炎等，但常见的还是肾损害。不少生产性毒物对肾有毒性，尤以重金属和卤代烃最为突出，如汞、铅、铊、镉、四氯化碳、六氟丙烯、二氯乙烷、溴甲烷、溴乙烷、碘乙烷等。

三、预防危险化学品危害的措施

企业应该采取相应的工程技术措施消除工作场所中危险化学品的危害或尽可能降低其危害程度，以免危害人员，污染环境。在无法将作业场所中有害化学品的浓度降到最高容许浓度以下时，作业人员就必须使用合适的个体防护用品。除了以上控制措施外，作业人员要养成良好的卫生习惯。

（1）遵守安全操作规程并使用适当的安全防护用品。

（2）工作结束后，饭前、饮水前要充分洗净身体的暴露部分。

(3) 定期检查身体。

(4) 时刻注意防止自我污染，尤其在清洗更换工作服和防护用品放置时要注意分隔与分洗，不能接触受伤的皮肤。

(5) 不直接接触能引起过敏的化学品。

四、装运危险化学品须遵守的安全规定

运输危险化学品的驾驶员、装卸人员和押运人员必须了解所涉及危险化学品的性质、危险特性，了解发生意外时的应急措施，配备必要的应急处理器材和防护用品，并应遵守相关规定：

(1) 运输危险化学品的车辆应专车专用，并有明显标志。

(2) 运装危险化学品要轻拿轻放，防止撞击、拖拉和倾倒。

(3) 碰撞、相互接触容易引起燃烧、爆炸和造成其他危害的危险化学品，以及化学性质或防护、灭火方法相互抵触的危险化学品，不得违反配装限制，不得混合装运。

(4) 遇热、遇潮容易引起自燃、爆炸或产生有毒气体的危险化学品，在装运时应当采取隔热、防潮措施。

(5) 装运危险化学品时不得人货混载，禁止无关人员搭乘装运危险化学品的车辆。装运危险化学品的车辆通过市区时，应当遵守所在地公安机关规定的行车时间和路线，中途不得随意停车。

五、危险化学品存储的安全要求

危险化学品存储的安全要求：

(1) 危险化学品应存储在专门地点，不得与其他物资混合存储。

(2) 危险化学品应该分类、分堆存储，堆垛不得过高、过密，堆垛之间以及堆垛与墙壁之间应该留出一定的间距、通道及通风口。

(3) 互相接触容易引起燃烧、爆炸的物品及灭火方法不同的物品，应该隔离存储。

(4) 遇水容易发生燃烧、爆炸的危险化学品，不得存放在潮湿或容易积水的地点。受阳光照射容易发生燃烧、爆炸的危险化学品，不得存放在露天或者高温的地方，必要时还应该采取降温和隔热措施。

(5) 容器、包装要完整无损，如发现破损、渗漏，必须立即进行处理。

(6) 性质不稳定、容易分解和变质，以及混有杂质而容易引起燃烧、爆炸的危险化学品，应该按规定进行检查、测温、化验，防止自燃及爆炸。

(7) 不准在存储危险化学品的库房内或露天堆垛附近进行实验、分装、打包、焊接和其他可能引起火灾的操作。

(8) 库房内不得住人。工作结束后，应进行防火检查，切断电源。

六、危险化学品发生火灾的应急处理

危险化学品容易发生火灾、爆炸事故。不同性质的危险化学品在不同的情况下发生火灾时，其扑救方法差异很大，若处置不当，不仅不能有效地扑灭火灾，反而会使险情进一步扩大，造成不应有的人员、财产损失。由于危险化学品本身及其燃烧产物大多具有较强的毒害性和腐蚀性，极易造成人员中毒、灼伤等伤亡事故，因此扑救危险化学品火灾是一项极其重要又非常艰巨和危险的工作。

危险化学品火灾发生后，首先要弄清着火物质的性质，然后正确地实施扑救。危险化学品火灾紧急处置应注意：

(1) 扑救人员应站在上风或侧风位置，以免遭受有毒有害气体的侵害。

(2) 应有针对性地采取自我防护措施，如佩戴防护面具、穿戴专用防护服等。

(3) 扑救可燃和助燃气体火灾时，要先关闭管道阀门，用水冷却其容器、管道，用干粉或沙土扑灭火焰。

(4) 扑救易燃和可燃液体火灾，可用泡沫、干粉、二氧化碳灭火器扑灭火焰，同时用水冷却容器四周，防止容器膨胀爆炸。但醇、醚、酮等溶于水的易燃液体火灾，应该用抗溶性泡沫灭火剂扑救。

(5) 扑救易燃和可燃固体火灾，可用泡沫、干粉、二氧化碳灭火器或沙土、雾状水。

第七节　特种设备安全知识

一、特种设备与社会经济

特种设备是现代生产生活必不可少的重要设备设施，它包括锅炉、压力容器、压力管道、电梯、起重机械、客运索道、大型游乐设施和场（厂）内专用机动车辆八大类，广泛应用于石油、化工、电力、机械、冶金、船舶、交通、

轻工、建筑、医药等传统工业领域和航天航空、高端装备业、新能源产业、物流运输等现代产业以及人们的日常生活，是国民经济建设和人们日常生活中不可或缺的重要基础设备设施。

作为重要的社会生产资料，特种设备在各行业生产过程中起着重要的作用。锅炉由电站锅炉和工业锅炉组成，电站锅炉是火力发电的“心脏”，工业锅炉主要为工业（石油、化工、化肥、冶金、造纸等）的工艺过程提供热能，为公用和民用建筑供暖和热水。锅炉设备的发展必将促进国民经济、城市化和工业化的发展。

压力容器和压力管道主要分布在石油、化工、化肥、冶金、能源、储运、印染、食品、饮料等工业领域，是这些产业生存发展必备的基础性设施。液化石油气钢瓶、医用高压氧舱、车用天然气瓶等都是压力容器。压力容器、压力管道是石化行业的“命脉”，它们的投资占石化企业基本建设投资的约75%。长输管道和公用管道主要介质为燃油、燃气。蒸汽和工业用危险介质的输送，涉及城市发展、能源供应、石油化工的基础设施和人民生活的基础条件等，是国家重大生命线。

起重装置是对物料和人员升降和水平移动的机械，是工业生产、城市发展、人民生活必不可少的基础设施。场（厂）内机动车辆主要应用于水利、公路、铁路等国家和城市基础设施建设领域以及煤炭工业、物流配送等行业，是这些领域和行业的重要生产设施。场（厂）内机动车辆主要集中在厂矿企业和建设工地。

大型游乐设施、客运索道产业是我国国民经济的新兴行业，20世纪80年代初进入我国，发展至今每年参加游乐活动的人数达3亿人次，可以说已经具备了一定的制造规模和消费规模。它的发展在很大程度上标志着人民生活步入小康社会的程度，而且游乐设施的消费群和客运索道的使用者主要是广大的儿童和游客，一旦发生事故，社会影响特别恶劣，对人民群众的心理和精神伤害特别严重。

在经济高速增长的背景下，石油、化工、冶金、电力、建材、食品加工等行业蓬勃发展，因此导致特种设备的使用量在逐年增大。特种设备与经济社会发展的依存性越来越紧密，分布越来越广，数量越来越多，增长越来越快，在我国国民经济和人民生活中发挥着越来越重要的作用。

特种设备涉及国民经济、人民生活的各个领域，并主要分布在经济发达地区和旅游胜地，因此，一旦发生事故，将会造成惨重的经济损失以及恶劣的社会影响。保证特种设备的质量和安全，防止和减少事故，对于维护生命财产安全和经济运行安全、促进社会经济又好又快发展，具有重大意义。

二、特种设备与公共安全

特种设备是国民经济的重要基础设施，与社会、经济活动密切相关。特种设备安全工作作为安全生产工作的重要组成部分之一，直接关系到广大人民群众的生命、财产安全，关系到经济发展和社会稳定的大局。长期以来，党中央、国务院高度重视安全生产工作，把安全生产摆在了与人口、资源、环境等基本国策同等重要的位置上，强调要坚持安全发展。安全发展作为科学发展观的重要内涵，体现了“三个代表”重要思想和科学发展观“以人为本”的本质特征，是经济稳定发展、社会和谐进步的前提与保证。因此，认真做好特种设备安全监察工作，确保特种设备安全运行，工作特别重要，责任特别重大，任务特别艰巨，需要特别重视与关注。特种设备安全关系到人民生命安全，也关系到国家经济运行安全和社会稳定，是各国公共安全的重要组成部分。

公共安全是由政府和社会提供的预防各种重大事件、事故和灾害的发生，保护人民生命财产安全，减少社会危害和经济损失的基础保障，是政府加强社会管理和公共服务的重要内容。公共安全是一项充分体现人民利益高于一切的公益性事业，是人民安居乐业的基本保证，是全面建设小康社会必须解决的重大战略问题。公共安全应当与人口、资源、环境一样成为国家的一项基本国策。

特种设备安全是国家公共安全的重要组成部分。特种设备客观危险性较大，涉及生命安全、重大财产安全和环境安全，如监管和使用不当，可能造成重大事故灾难和环境污染事件。近年来，我国年均发生特种设备事故300多起，人员伤亡近千人，经济损失巨大，有的重特大事故还造成人员群死群伤、居民大规模转移、交通干线中断、大范围生产生活受到严重影响、大面积环境污染等灾难性后果。

三、特种设备的分类

特种设备是指涉及生命安全、危险性较大的锅炉、压力容器（含气瓶，下同）、压力管道、电梯、起重机械、客运索道、大型游乐设施和场（厂）内专用机动车辆。

(1) 锅炉，是指利用各种燃料、电或者其他能源，将所盛装的液体加热到一定的参数，并对外输出热能的设备，其范围规定为容积大于或者等于30L的承压蒸汽锅炉；出口水压大于或者等于0.1MPa（表压），且额定功率大于或者等于0.1MW的承压热水锅炉；有机热载体锅炉。

(2) 压力容器，是指盛装气体或者液体，承载一定压力的密闭设备，其范围规定为最高工作压力大于或者等于0.1MPa（表压），且压力与容积的乘积大于或者等于2.5MPa·L的气体、液化气体和最高工作温度高于或者等于标准沸点的液体的固定式容器和移动式容器；盛装公称工作压力大于或者等于0.2MPa（表压），且压力与容积的乘积大于或者等于1.0MPa·L的气体、液化气体和标准沸点等于或者低于60℃液体的气瓶、氧舱等。

(3) 压力管道，是指利用一定的压力，用于输送气体或者液体的管状设备，其范围规定为最高工作压力大于或者等于0.1MPa（表压）的气体、液化气体、蒸汽介质或者可燃、易爆、有毒、有腐蚀性、最高工作温度高于或者等于标准沸点的液体介质，且公称直径大于25mm的管道。

(4) 电梯，是指动力驱动，利用沿刚性导轨运行的箱体或者沿固定线路运行的梯级（踏步），进行升降或者平行运送人、货物的机电设备，包括载人（货）电梯、自动扶梯、自动人行道等。

(5) 起重机械，是指用于垂直升降或者垂直升降并水平移动重物的机电设备，其范围规定为额定起重量大于或者等于0.5t的升降机；额定起重量大于或者等于1t，且提升高度大于或者等于2m的起重机和承重形式固定的电动葫芦等。

(6) 客运索道，是指动力驱动，利用柔性绳索牵引箱体等运载工具运送人员的机电设备，包括客运架空索道、客运缆车、客运拖牵索道等。

(7) 大型游乐设施，是指用于经营目的，承载乘客游乐的设施，其范围规定为设计最大运行线速度大于或者等于2m/s，或者距地面运行高度大于或者等于2m的载人大型游乐设施。

(8) 场（厂）内专用机动车辆，是指除道路交通、农用车辆以外仅在工厂厂区、旅游景区、游乐场所等特定区域使用的专用机动车辆。

特种设备包括其所用的材料、安全附件、安全保护装置和与安全保护装置相关的设施。

第四章 我会安全——增能力

第一节 现场事故预防能力

现场事故预防能力是作业现场为避免或减少与工作相关的各种死亡和伤害事件的发生而预先采取措施的能力。员工应当培养自身现场事故预防能力，以保障自身生命安全及生产作业安全。

一、危险源的辨识与控制措施

危险源是指一个系统中具有潜在能量和物质释放危险的、可造成人员伤害、在一定的触发因素作用下可转化为事故的部位、区域、场所、空间、岗位、设备及其位置。它的实质是具有潜在危险的源点或部位，是爆发事故的源头，是能量、危险物质集中的核心，是能量传出来或爆发的地方。危险源存在于确定的系统中，不同的系统范围，危险源的区域也不同。例如，从全国范围来说，对于危险行业（如石油、化工等行业）具体的一个企业（如炼油厂）就是一个危险源。而从一个企业系统来说，可能某个车间、仓库就是危险源；对于一个车间系统，可能某台设备是危险源。因此，分析危险源应按系统的不同层次来进行。一般来说，危险源可能存在事故隐患，也可能不存在事故隐患。对于存在事故隐患的危险源一定要及时加以整改，否则随时都可能导致事故。

1. 危险源的构成及分类

危险源由三个要素构成：潜在危险性、存在条件和触发因素。危险源的潜在危险性是指一旦触发事故，可能带来的危害程度或损失大小，或者说危险源可能释放的能量强度或危险物质量的大小。危险源的存在条件是指危险源所处的物理、化学状态和约束条件状态。例如，物质的压力、温度、化学稳定性，盛装压力容器的坚固性，周围环境障碍物等情况。触发因素虽然不属于危险源的固有属性，但它是危险源转化为事故的外因，而且每一类型的危险源都有相应的敏感触发因素。如易燃、易爆物质，热能是其敏感触发因素；又如压力容器，压力升高是其敏感触发因素。因此，一定的危险源总是与相应的触发因素相关联。在触发因素的作用下，危险源转化为危险状态，继而转化为事故。

工业生产作业过程的危险源一般分为七类：

（1）化学类：毒害性、易燃易爆性、腐蚀性等危险化学品；

（2）辐射类：放射源、射线装置及电磁辐射装置等；

（3）生物类：动物、植物、微生物（传染病病原体类等）等危害个体或群体生存的生物因子；

（4）特种设备类：电梯、起重机械、锅炉、压力容器（含气瓶）、压力管道、客运索道、大型游乐设施、场（厂）内专用机动车辆；

（5）电气类：高电压或高电流、高速运动、高温作业、高处作业等非常态、静态、稳态装置或作业；

（6）土木工程类：建筑工程、水利工程、矿山工程、铁路工程、公路工程等；

（7）交通运输类：汽车、火车、飞机、轮船等。

2. 危险源的辨识

危险源辨识就是识别危险源并确定其特性的过程。危险源辨识不但包括对危险源的识别，而且必须对其性质加以判断。

危险源辨识方法：国内外已经开发出的危险源辨识方法有几十种之多，如安全检查表、预先危险性分析、危险与可操作性分析、故障类型和影响性分析、事件树分析、故障树分析、LEC 分析法、储存量比对法等。

（1）安全检查表。安全检查的最有效工具是安全检查表。它是为检查某些系统的安全状况而事先制定的问题清单。为了使安全检查表能全面查出不安全因素，又便于操作，根据安全检查的需要、目的、被检查的对象，可编制多种类型的相对通用的安全检查表，如项目工程设计审查用的安全检查表，项目工程竣工验收用的安全检查表，企业综合安全管理状况的安全检查表，企业主要危险设备、设施的安全检查表，不同专业类型的安全检查表，面向车间、工段、岗位不同层次的安全检查表等。制定安全检查表的人员应当熟悉该系统或该专业的安全技术法规。

安全检查表的格式没有统一的规定，可以依据不同的要求，设计不同的安全检查表。原则上应条目清晰、内容全面，要求详细、具体。

（2）预先危险性分析。预先危险性分析（preliminary hazard analysis，PHA）也称初始危险分析，是安全评价的一种方法，是在每项生产活动之前，特别是在设计的开始阶段，对系统存在危险类别、出现条件、事故后果等进行概略分析，尽可能评价出潜在的危险性。预先危险性分析适用于固有系统中采取新的方法，接触新的物料、设备和设施的危险性评价。该方法一般在项目的发展初期使用。当只希望进行粗略的危险和潜在事故情况分析时，也可以用PHA对已建成的装置进行分析。

（3）危险与可操作性分析。危险与可操作性分析是过程系统（包括流程工业）的危险（安全）分析中一种应用最广的评价方法，是一种形式结构化的方法，该方法全面、系统地研究系统中每一个元件。其中重要的参数偏离了指定的设计条件所导致的危险和可操作性问题，主要通过研究工艺管线和仪表图、带控制点的工艺流程图或工厂的仿真模型来确定，应重点分析由管路和每一个设备操作所引发潜在事故的影响，应选择相关的参数，例如流量、温度、压力和时间，然后检查每一个参数偏离设计条件的影响。采用经过挑选的关键词表，例如“大于”“小于”“部分”等，来描述每一个潜在的偏离。最终应识别出所有的故障原因，得出当前的安全保护装置和安全措施，所作的评估结论包括非正常原因、不利后果和所要求的安全措施。

（4）故障类型和影响性分析。故障类型和影响性分析（FMEA）是一种归纳分析法，主要是在设计阶段对系统的各个组成部分，即元件、组件、子系统等进行分析，找出它们所能产生的故障及其类型，查明每种故障对系统的安全所带来的影响，判明故障的重要度，以便采取措施予以防止和消除。FMEA也是一种自下而上的分析方法。如果对某些可能造成特别严重后果的故障类型单独拿出来分析，称为致命度分析（CA）。FMEA与CA合称为FMECA。FMECA通常也是采用安全分析表的形式分析故障类型、故障严重度、故障发生频率、控制事故措施等内容。

这种方法的特点是从元件、器件的故障开始，逐项分析其影响及应采取的对策。其基本内容是为找出构成系统的每个元件可能发生的故障类型及其对人员、操作及整个系统的影响。开始，这种方法主要用于设计阶段。目前，在核电站、化工、机械、电子及仪表工业中都广泛使用了这种方法。FMEA通常按预定的安全分析表逐项进行。

（5）事件树分析。事件树分析（event tree analysis，ETA）是安全系统工程中常用的一种归纳推理分析方法，起源于决策树分析（DTA），它是一种按事故发展的时间顺序由初始事件开始推论可能的后果，从而进行危险源辨识的方法。这种方法将系统可能发生的某种事故与导致事故发生的各种原因之间的逻辑关系用一种称为事件树的树形图表示，通过对事件树的定性与定量分析，找出事故发生的主要原因，为确定安全对策提供可靠依据，以达到猜测与预防事故发生的目的。事件树分析法已从宇航、核产业进入一般电力、化工、机械、交通等领域，它可以进行故障诊断，分析系统的薄弱环节，指导系统的安全运行，实现系统的优化设计等。

（6）故障树分析。故障树分析是一种描述事故因果关系的有方向的“树”，是系统安全工程中的重要的分析方法之一，它能对各种系统的危险性进行识别评价，既适用于定性分析，又能进行定量分析，具有简明、形象化的特点，体现了以系统工程方法研究安全问题的系统性、准确性和预测性。

故障树的编制是故障树分析的第一步，也是以后分析的基础。首先要确定作为分析研究对象的顶事件，一般把后果严重的或发生频繁的系统故障事件或事故作为顶事件。然后分析直接造成顶事件发生的原因事件，并用恰当的逻辑门与顶事件连接。再找出造成直接原因事件发生的原因事件，确定恰当的逻辑门与直接原因事件连接。如此逐层分析，直到画出基本事件为止。

（7）LEC分析法。LEC分析法即格雷厄姆评价法，是一种简单易行的评价操作人员在具有潜在危险性环境中作业时的危险性、危害性的半定量评价方法。格雷厄姆评价法，是用与系统风险有关的三种因素指标值的乘积来评价操作人员伤亡风险大小，这三种因素分别是：L（事故发生的可能性）、E（人员暴露于危险环境中的频繁程度）和C（发生事故可能造成的后果）。给三种因素的不同等级分别确定不同的分值，再以三个分值的乘积D来评价作业条件危险性的大小，即$D=LEC$。

具体赋分标准如下。

① 事故发生的可能性L（likelihood）。事故发生的可能性用概率来表示时，绝对不可能发生的事故概率为0，而必然发生的事故概率为1。然而，从系统安全的角度考虑，绝对不发生事故是不可能的，所以人为地将发生事故可能性极小的分数定为0.1，而必然要发生事故的分数定为10，以此为基础，介于这两种情况之间的情况指定为若干个中间值，如表4-1所示。

表4-1　事故发生可能性分值L

分值	事故发生的可能性
10	完全可以预料到
6	相当可能
3	可能，但不经常
1	可能性小，完全意外
0.5	很不可能，可以设想
0.2	极不可能
0.1	实际不可能

② 人员暴露于危险环境中的频繁程度 E（exposure）。人员暴露于危险环境中的时间越多，受到伤害的可能性越大，相应的危险性也越大。规定人员连续出现在危险环境的情况为10，而非常罕见地出现在危险环境中为0.5，介于两者之间的各种情况为若干个中间值，如表4-2。

表4-2　人员暴露于危险环境中的频繁程度分值 E

分值	人员暴露于危险环境中的频繁程度
10	连续暴露
6	每天工作时间内暴露
3	每周一次暴露
2	每月一次暴露
1	每年几次暴露
0.5	非常罕见的暴露

③ 发生事故可能造成的后果 C（consequence）。事故造成的人员伤害和财产损失的范围变化很大，所以规定分值为1～100。把需要治疗的轻微伤害或较小财产损失的分数规定为1，把造成多人死亡或重大财产损失的分数规定为100，其他情况的数值在1～100之间，如表4-3。

表4-3　发生事故可能造成的后果分值 C

分值	发生事故可能造成的后果
100	大灾难，许多人死亡
40	灾难，数人死亡
15	非常严重，一人死亡
7	严重，重伤
3	重大，致残
1	引人注目，需要救护

④ 危险性等级划分标准 D（danger）。根据经验，危险性分值在20以下为低危险性；危险性分值在20～70之间，则需要加以注意；危险性分值在70～160之间，有显著的危险，需要采取措施整改；危险性分值在160～320之间，有高度危险，必须立即整改；危险性分值大于320，极度危险，应立即停止作业，彻底整改。按危险性分值划分危险性等级的标准如表4-4。

表 4-4　危险等级划分 D

分值	危险程度
＞320	极其危险，不能继续作业
160～320	高度危险，须立即整改
70～160	显著危险，需要整改
20～70	一般危险，需要注意
＞20	稍有危险，可以接受

3. 危险源的控制

危险源的控制可从三方面进行，即技术控制、人因控制和管理控制。

（1）技术控制。即采用技术措施对固有危险源进行控制，主要技术有消除、控制、防护、隔离、监控、保留和转移等。

（2）人因控制。即控制人为失误，减少人不正确行为对危险源的触发作用。人为失误的主要表现形式有：操作失误，指挥错误，不正确的判断或缺乏判断，粗心大意，厌烦，懒散，疲劳，紧张，疾病或生理缺陷，错误使用防护用品和防护装置等。人因控制首先是加强教育培训，做到人的安全化；其次应做到操作安全化。

（3）管理控制。可采取以下管理措施，对危险源实行控制。

① 建立健全危险源管理的规章制度。

② 明确责任、定期检查。

③ 加强危险源的日常管理。

④ 抓好信息反馈、及时整改隐患。

⑤ 搞好危险源控制管理的基础建设工作。

⑥ 搞好危险源控制管理的考核评价和奖惩。

二、配戴好个体防护用品

个体防护用品是保护员工在劳动过程中的安全与健康的一种防御性装备，是生产经营单位为保护员工在生产劳动过程中的安全和健康而提供的保护用品。不同的个体防护用品有其特定的佩戴和使用规则、方法，只有正确佩戴和使用，方能真正起到防护作用。员工有权获得符合国家标准或者行业标准的劳动防护用品，但如果不正确佩戴和使用劳动防护用品，仍然不能真正发挥个体防护用品的作用。因此，员工在作业过程中必须提高安全生产意识，按照规则正确佩戴和使用劳动防护用品，这既是保护员工人身安全和健康的需要，也是实现安全生产的需要。

各行业从业人员常用的个体防护用品有如下类型：

（1）头部防护用品。头部防护用品是为防御头部不受外来物体打击和其他因素危害的个人防护用品。根据防护功能要求，目前主要有普通工作帽、防尘帽、防水帽、防寒帽、安全帽、防静电帽、防高温帽、防电磁辐射帽、防昆虫帽九类产品。

（2）呼吸器官防护用品。呼吸器官防护用品是为防止有害气体、蒸气、粉尘、烟、雾经呼吸道吸入或直接向配用者供氧或清净空气，保证在尘、毒污染或缺氧环境中作业人员正常呼吸的防护用具。呼吸器官防护用品按功能主要分为防尘口罩和防毒口罩（面具），按形式又可分为过滤式和隔离式两类。

（3）眼面部防护用品。预防烟雾、尘粒、金属火花和飞屑、热、电磁辐射、激光、化学飞溅等伤害眼睛或面部的个人防护用品称为眼面部防护用品。根据防护功能，大致可分为防尘、防水、防电击、防高温、防电磁辐射、防射线、防化学飞溅、防风沙、防强光九类。

（4）听觉器官防护用品。能够防止过量的声能侵入外耳道，使人耳避免噪声的过度刺激，减少听力损伤，预防噪声对人身不良影响的个人防护用品为听觉器官防护用品。听觉器官防护用品主要有耳塞、耳罩和防噪声头盔三大类。

（5）手部防护用品。具有保护手和手臂的功能，供作业者劳动时戴的手套称为手部防护用品，通常人们称为劳动防护手套。按照防护功能将手部防护用品分为12类：普通防护手套、防水手套、防寒手套、防毒手套、防静电手套、防高温手套、防X射线手套、防酸碱手套、防油手套、防震手套、防切割手套、绝缘手套。

（6）足部防护用品。足部防护用品是防止生产过程中有害物质和能量损伤劳动者足部的护具，通常人们称为劳动防护鞋。按防护功能分为防尘鞋、防水鞋、防寒鞋、防冲击鞋、防静电鞋、防高温鞋、防酸碱鞋、防油鞋、防烫脚鞋、防滑鞋、防穿刺鞋、电绝缘鞋、防震鞋十三类。

（7）躯干防护用品。躯干防护用品就是通常讲的防护服。根据防护功能分为普通防护服、防水服、防寒服、防砸背服、防毒服、阻燃服、防静电服、防高温服、防电磁辐射服、防酸碱服、防油服、水上救生衣、防昆虫服、防风沙服十四类产品。

（8）护肤用品。护肤用品用于防止皮肤（主要是面、手等外露部分）免受化学、物理等因素的危害。按照防护功能，护肤用品分为防毒、防射线、防油漆及其他类。

（9）防坠落用品。防坠落用品是防止人体从高处坠落，通过绳带，将高处作业者的身体系接于固定物体上或在作业场所的边沿下方张网，以防不慎坠落，这类用品主要有安全带和安全网两种。

三、严格遵守企业安全操作规程

1. 岗位安全操作规程

岗位安全操作规程是指根据物料性质、工艺流程、作业活动、设备使用要求而制定的作业岗位安全生产的作业要求。管理岗位一般不编制岗位安全操作规程，其安全要求应执行相关管理制度。

岗位安全操作规程是岗位作业人员现场安全作业的最主要依据。因此，岗位安全操作规程的内容应涵盖岗位涉及的各类设备设施的安全操作要求、各类作业活动的安全作业要求。

2. 岗位安全操作规程的基本内容和培训教育

岗位安全操作规程的基本内容应包括：岗位主要危险有害因素及其风险，作业过程需穿戴的个体防护用品，作业前、作业中和作业后的相关安全要求和禁止事项，作业现场的应急要求等，其中应包括对设备设施、作业活动、作业环境、现场管理等进行岗位事故隐患排查治理的要求。岗位安全操作规程的使用对象是一线的岗位作业人员，内容应简洁、通俗、清晰。

岗位安全操作规程应以纸质版发放到岗位作业人员，宜将规程的主要内容制成可视化看板、展板等放置在作业现场，并组织岗位安全操作规程的培训教育。新员工、转复岗人员、“四新”作业人员到岗位作业前，进行岗位安全操作规程的培训教育后方可上岗，其他岗位作业人员应定期进行安全操作规程的再教育，以确保每个岗位作业人员熟悉并执行本岗位安全操作规程。

3. 岗位安全操作规程的更新

岗位设备设施、作业活动等发生变化时，采用新技术、新工艺、新设备、新材料时，应对岗位安全操作规程进行更新修订。岗位安全操作规程更新修订后，应将原岗位安全操作规程及时从相关岗位回收，重新发放新的岗位安全操作规程，同时对岗位安全操作规程的看板、展板等进行更新，并对岗位作业人员进行重新培训教育。

四、安全隐患与风险的辨识及控制措施

1. 安全隐患的分类及排查

安全隐患，是指生产经营单位违反安全生产法律、法规、规章、标准、规程、安全生产管理制度的规定，或者在生产经营活动中可能导致不安全事件或

事故发生的物的不安全状态、人的不安全行为、不良的生产环境和生产工艺、管理上的缺陷。安全隐患从性质上分为一般安全隐患和重大安全隐患。

一般安全隐患在实际生活中不可避免地会有一定概率发生。

重大安全隐患是指可能导致重大人身伤亡或者重大经济损失的安全隐患。重大安全隐患按照可能导致事故损失的程度分为两级：

（1）特别重大安全隐患是指可能造成50人以上死亡，或可能造成直接经济损失1000万元以上的安全隐患；

（2）重大安全隐患是指可能造成10人以上死亡，或可能造成直接经济损失500万元以上的安全隐患。

排查内容：

（1）加强对机器设备的检修、维护，及时排除安全隐患，确保设备性能可靠，安全运行；

（2）所有电气设备，应做防潮处理，保持良好绝缘，开关、闸刀、保险器应装在安全位置；

（3）经营期间安全疏散通道、安全出口是否畅通；

（4）安全疏散通道、安全出口是否设有明显的消防疏散标志、应急照明设备；

（5）是否配置相应的消防器材，工作人员是否熟悉放置地点和使用方法；

（6）电源插座是否靠近易燃物品；

（7）在营业结束时，要确定专人负责查验水、电、气等安全情况，关闭所有电源、锁好门窗后方可离开，上述检查应做好详细记录。

2. 安全风险评价与管控

风险大致有两种定义：一种定义强调了风险表现为不确定性；而另一种定义则强调风险表现为损失的不确定性。安全风险是指安全和损失的不确定性。安全风险评价是指在安全风险事件发生之前或之后（但还没有结束），对安全风险事件给人们的生活、生命、财产等各个方面造成的影响和损失的大小进行量化的工作。即安全风险评价就是确定安全风险的大小。安全风险的大小一般用风险等级表示，风险大风险等级也高。

风险总是存在的，作为管理者和执行者应采取各种措施减小风险事件发生的可能性，或者把可能的损失控制在一定的范围内，以避免在风险事件发生时带来的难以承担的损失。安全风险控制的基本方法是风险回避、损失控制。风险回避是有意识地放弃风险行为，完全避免特定的损失。简单的风险回避是一种最消极的风险控制方法，因为放弃风险行为的同时，往往也放弃了潜在的目标收益，所以一般只有在不得已的情况下才会采用这种方法。损失控制不是放弃风险，而是制订计划和采取措施降低损失的可能性或者是减少实际损失。损失控制包括事前、事中和事后三个阶段。事前控制的目的主要是为了降低损失的概率，事中和事后控制主要是为了减少实际发生的损失。

(1) 事前预防策略——先其未然。在应急管理中预防有两层含义：一是事故的预防工作，即通过安全管理和安全技术等手段，尽可能地防止事故的发生，实现本质安全；二是在假定事故必然发生的前提下，通过采取预防措施，来达到降低或减缓事故的影响或后果的严重程度，如加大建筑物的安全距离、工厂选址的安全规划、减少危险物品的存量、设置防护墙以及开展公众教育等。从长远观点看，低成本、高效率的预防措施，是减少事故损失的关键。

班组事前预防可以现代安全管理体系的预防特色为基础，做好超前管理，即做到“七个强化”。

①抓基础管理——强化“三同时”和危险预评价；

②抓制度建设——强化安全制度和规程的有效执行；

③抓宣传教育——强化全员危机意识和素质；

④抓安全监督——强化关键岗位和高风险作业的现场监督；

⑤抓风险监管——强化对隐患、缺陷和危险源的监管；

⑥抓合同管理——强化员工合同和承包商合同的管理；

⑦抓预案建设——强化安全的自防自救能力。

(2) 事中应急策略——发而止之。事中应急策略包括三方面的内容，即应急准备、应急响应和应急恢复，是应急管理过程中一个极其关键的过程。应急准备是针对可能发生的事故，为迅速有效地开展应急行动而预先所做的各种准备，包括应急体系的建立，有关部门和人员职责的落实，预案的编制，应急队伍的建设，应急设备（施）、物资的准备和维护，预案的演练，与外部应急力量的衔接等，其目标是保持重大事故应急救援所需的应急能力。

应急响应是在事故发生后立即采取的应急与救援行动，包括事故的报警与通报、人员的紧急疏散、急救与医疗、消防和工程抢险措施、信息收集与应急决策和外部救援等，其目标是尽可能地抢救受害人员、保护可能受威胁的人群，尽可能控制并消除事故。应急响应可划分为两个阶段，即初级响应和扩大应急。初级响应是在事故初期，企业应用自己的救援力量，使事故得到有效控制。但如果事故的规模和性质超出本单位的应急能力，则应请求增援和扩大应急救援活动的强度，以便最终控制事故。

应急恢复应该在事故发生后立即进行，它首先使事故影响区域恢复到相对安全的基本状态，然后逐步恢复到正常状态。要求立即进行的恢复工作包括事故损失评估、原因调查、清理废墟等，在短期恢复中应注意的是避免出现新的紧急情况。长期恢复包括厂区重建和受影响区域的重新规划和发展，在长期恢复工作中，应吸取事故和应急救援的经验教训，开展进一步的预防工作和减灾行动。

（3）事后教训策略——行而责之。通过各种方式进行案例回顾，针对国内外安全、环保事故，按事故经过、原因分析、事故处理、防范措施进行分类整理，尤其在基层的班前班后会，通过让一线员工直观地感受到因为违章等低级错误而引发的一场又一场血的教训，使其重视安全操作，形成“人人、事事、时时、处处保安全”的氛围。

五、现场事故预防具体操作方法

1. 作业前事故预防 stop 5s

作业前停下 5s，养成好习惯。

（1）观察。观察工作区域和周围环境，看（上下后侧里）、听（异常的声音）、闻（异常的气味）、感觉（温度、照明、振幅等）。

（2）思考。思考整个作业步骤。

（3）评估。对自己和他人有什么危险和后果。

（4）计划。对策采取，风险受控。

2. 现场“三点”控制法

对生产现场的“危险点、危害点、事故多发点”（“三点”）挂牌，实施分级控制和分级管理。这“三点”是班组安全生产的要点、主控制点和注意点，有效地控制了“三点”，班组安全生产就有了把握。危险点相对于其他作业点和岗位更危险，危险点固有的危险性使它成为安全控制的重点；危害点是相对于其他作业点更具危害性的作业点，如化工企业有毒有害气体岗位就是危害点；事故多发点指这个点曾经发生过事故或多次发生过事故，这样的点是班组安全生产的必须控制点。

通过对作业场所的危险单元进行辨识，了解其规律，采取措施，做到对作业场所“三点”适时、动态、重点、有效控制，减少事故隐患，保障班组作业安全。具体操作流程为：

（1）辨识分类。以班组或岗位为单位，对现场“三点”进行辨识，并上报，安全部门对辨识出的“三点”进行整理、分类，实施分级管理。

（2）管理控制。分别编制应急预案，制定班组长“三点”巡检制度，加大“三点”的检查力度和频率，加强对危险单元岗位员工的教育培训工作。

（3）现场控制。在“三点”设立监控、监测措施，有条件的实行计算机管理监控。在“三点”配备相应的安全器材和设施，保持现场清洁、通道通畅。设置明显的安全标志和警示牌，标明其危险或危害的性质、类型、数量、注意事项等内容，以作警示。

（4）改善。对被警示的危险单元及时动用各种资源，改善危险单元环境，消除或者减少其危险性。

3. “手指口述”安全确认法

“手指口述”安全确认法是指将某项工作的操作规范和注意事项编写成简易口语，当作业开始的时候，不是马上开始而是用手指出并说出那个关键部位进行确认，以防止判断、操作上的失误。“手指口述”是一种安全确认的方法，目前主要应用于危险性较大的工种、行业，它的意义与作用在于能够起到安全确认的作用，提高工作效率。“手指口述”的具体确认方法是：在操作前，用手指着被操作的设备，眼睛随手指观察，刺激脑子同时思考，把最关键的话大声说出来。“手指口述”使大脑更加灵活，正确确认对象，避免走神出错，最大限度地减少人员对设备的误操作，培养员工“不安全不作业”的安全行为习惯，提高员工的安全意识，防止事故发生。具体流程可为：

（1）举办启动仪式。通过发放宣传单、倡议书，组织安全签名、安全宣誓等形式，营造浓厚的活动氛围，叫响“手指口述严确认，规范操作保安全”等口号。

（2）制定“手指口述”内容。企业各车间主管牵头负责，针对不同工种、不同岗位，分别制定“手指口述”安全确认操作口诀，内容包括作业程序、动作标准、安全要点等，力求通俗易懂，简明扼要。

（3）学习“手指口述”内容。将“手指口述”安全确认操作口诀制作成卡片，发给相关岗位的所有员工。组织员工学习，做到学深学透，精准掌握，熟记于心。

（4）现场演示操作。通过肢体和语言的配合，达到规范操作的目的。可以利用班前会、班后会由员工在现场进行模拟演练“手指口述”安全确认操作内容，深化掌握，促使员工在操作前、操作过程中及操作完成后，牢记安全操作及作业要领，杜绝错误操作。

（5）全面落实。每个员工在进行操作前，都要进行“手指口述”安全确认。多名员工进行同一类作业，可以进行团队同时“手指口述”安全确认，这样可以形成良好的氛围。为确保活动效果，可定期举行“手指口述”操作法现场比赛或对抗赛，按得分成绩奖励相应员工和相应部门。将安全作业规范同“手指口述”活动结合起来，把安全作业规范编印成“手指口述册”，让员工熟记；在实际工作现场示范“手指口述”，作为安全培训考核的重要方式；采取全面检查与随时抽查相结合，奖与惩结合，促进“手指口述”活动的开展。也可作为评定岗位技能的重要内容，这样能更有效地提高安全培训效果，更有效地为安全生产撑起“保护伞”。另外，企业还可以管理看板等形式开办“手指口述”专栏，及时总结推广“手指口述”操作法活动中的好做法、好经验，发布活动进展情况。

第二节　班组安全管控能力

班组安全管理是指为了保障生产经营单位每个员工生产过程中的安全与健康，保护班组所使用的设备、装置、工具等财产不受意外损失而采取的综合性措施，主要包括建立健全以岗位责任制为核心的班组安全生产规章制度、安全生产技术规范等。班组是企业生产活动的主要场所，安全管理工作只有紧紧围绕生产一线的班组来进行，才能有效地控制、减少事故的发生。班组安全管理应当抓住班组范围小、人员少，生产比较单一、工艺比较接近，班组成员对生产现场十分了解、有共同语言的特点，实行规范的、有效的、科学的现场管理和岗位管理。

一、班组的安全管理和控制能力

班组是企业的细胞，是搞好安全生产的基础，是保障员工生命安全和实现作业过程安全的主体。处在一线的班组是企业生产组织机构的基本单位，是进行生产和日常管理活动的主要场所，也是企业完成安全生产各项目标的主要承担者和直接实现者。企业的设备、工具和原材料等，都要由班组掌握和使用；企业的生产、技术、经营管理和各项规章制度的贯彻落实，也要通过班组的活动来实现。因此说，班组是企业安全文明生产的重要阵地，是企业取得安全、优质、高效生产的关键所在，企业安全管理的各项工作必须紧密围绕生产一线班组开展才有效。

班组安全管理的目的是为了防止和减少伤亡事故与职业危害，保障员工的安全和健康，减少财产损失、设备损坏，减少生产对环境的危害，保证生产的正常进行。“安全第一”是企业的生产方针，是提高企业经济效益的基础性工作。因此，班组安全管理工作应根据工作现场状况和作业人员情况的变化，将安全管理过程和措施与班组实际相结合，以便有的放矢地实行动态管理。

班组是企业的细胞，是企业生产活动的阵地；班组是执行各项规章制度和安全规程的主体，是产生违章作业和人身伤亡事故的主体，是有效控制事故的前沿阵地；班组也是企业安全管理的最终落脚点，班组安全管理的好坏直接影响企业各项经济指标的实现。班组管理是企业管理的基础，班组安全管理又是班组管理的重要组成部分。只有搞好班组的安全管理，班组的生产活动才能安全，企业的安全生产才有保障，企业才能取得经济效益和发展再生产。

二、班组安全管控

班组安全生产管理要依据安全生产方针直接为搞好安全生产创造条件；要根据班组的实际情况，提出相应的安全生产管理措施；要定期总结班组安全生产管理的经验教训。具体来说，包括以下三方面的内容：

1. 安全生产管理

班组的安全生产管理是指通过改善劳动条件，在防止伤亡事故和职业病等方面采取一系列措施，以保护员工在生产过程中的安全与健康的组织管理工作的总称。安全生产管理的主要内容有：

① 建立健全相应的安全生产管理机构和安全生产责任制；

② 制定和贯彻安全操作规程；

③ 编制并组织实施安全技术措施计划；

④ 进行安全生产教育；

⑤ 组织安全生产检查；

⑥ 做好伤亡事故的处理报告工作；

⑦ 做好发放防护用品和保健食品的管理工作；

⑧ 做好防尘、防毒、防暑降温、防冻保暖等劳动保护工作；

⑨ 保证劳动者的适当休息，限制加班加点，实行劳逸结合；

⑩ 对女性员工实行特殊劳动保护。

2. 安全技术

班组的安全技术工作是为了防止和消除生产过程中的各种不安全因素可能引起的伤亡事故，保障员工的人身安全所采取的技术措施，它是安全生产工作的基本组成部分。其主要内容有：

① 贯彻执行国家颁布的各项安全技术规程；

② 在各种设备和设施上安装安全装置；

③ 对设备和设施进行安全检查、维护和检修；

④ 对员工进行安全技术教育；

⑤ 新建、扩建、改建企业，必须贯彻“三同时”的原则等。

3. 职业健康

职业健康是指对生产过程中产生的有害员工身体健康的各种因素所采取的一系列治理措施和卫生保健工作。其主要内容有：

① 对生产中的高温、粉尘、噪声、振动、有害气体和物质等采取技术上措施加以治理；

② 改善通风、照明、防暑降温、防寒防冻等设施；

③ 搞好环境卫生和绿化工作；

④ 定期对员工进行健康检查和职业病防治观察；

⑤ 对员工及其家属进行卫生防疫、医疗预防、妇幼保健等。

三、班组标准化安全管理

班组标准化安全管理是指企业依据有关劳动保护法律法规、行业标准及企业规章制度等制定具有岗位针对性的标准化行为规范，通过对标准化行为规范的具体落实开展班组安全管理工作。班组标准化安全管理能够将班组大量重复性工作用最佳的处理方案确定下来，它是一项安全投入少、效益高的科学方法。班组标准化安全管理的主要内容有三个方面。

(1) 组织管理。建立班组长、兼职安全员和每个岗位的安全生产责任制，使每一项安全生产工作与每一名员工挂起钩来，完善安全操作规程，制定班组安全生产教育、培训、检查、考核、评比、奖惩制度等，内容详细，可操作性强。

(2) 作业现场管理。同工种作业环境要做到规范、一致，作业现场基础设施完善、整洁、卫生，安全标志醒目、针对性强，现场布置合理、设备完好，安全防护设施、报警装置齐全可靠，安全通道畅通，工作条件良好。

(3) 操作规程管理。各工种有科学的安全技术操作规程，每个岗位按操作程序、操作标准进行标准化作业。

通过开展班组标准化安全管理，促进班组建立良好的安全工作秩序和生产环境，调动班组安全生产管理的能动性，减少违章，消除隐患，提高人-机-环境系统本质安全化水平，有效地预防事故。

(1) 制定班组安全管理标准。企业应安排专人主要围绕生产组织、作业现场、操作规程三个方面，分系统制定各类班组安全管理的标准并逐步完善。

（2）实施考核。实施班组标准化安全生产管理，必须按系统、分专业进行组织。先分类进行试点，总结经验，树立典型，然后全面推广，在班组中开展标准化施工、标准化安装、标准化操作、标准化班组、标准化现场、标准化岗位管理活动，组织达标竞赛。在实施标准化管理过程中，要不断完善班组安全管理标准，修订各类班组的达标标准和验收细则，使其更符合基层的安全生产实际，增强可操作性。同时，要按照标准，严格检查考核，逐级验收，定期考评，动态管理，将考核情况与奖惩挂钩。

开展班组标准化安全管理，领导重视是先决条件，全员安全教育和技术培训是开展标准化管理的可靠基础，严格检查考评是落实标准化管理的重要手段，加强基础设施建设，改善班组生产作业环境是开展标准化的重要保证。

四、本质型安全班组建设

本质型安全班组建设指建立健全一套动态的人、机、环境、制度和谐统一的安全管理体系，实现人的本质安全、物的本质安全、系统的本质安全和制度规范，科学管理，以减少和消除伤亡事故。

“本质安全”建设的主要内容包括四个方面。

（1）人的本质安全。它是创建本质安全型班组的核心，即班组的每一员工，都能遵章守纪，按章办事，干标准活，干规矩活，杜绝“三违”，实现个体到群体的本质安全。

（2）物（装备、设施、原材料等）的本质安全。任何时候、任何地点都始终处在能够安全运行的状态，即设备以良好的状态运转，没有故障；保护设施等齐全，动作灵敏可靠；原材料优质，符合规定和使用要求。

（3）系统（工作环境）的本质安全。作业现场存在很多系统，比如矿井的通风系统、化工企业的工艺系统等，系统本身应该没有隐患或缺陷，且有良好的配合，在日常生产过程中，不会因为人的不安全行为或物的不安全状态而发生事故。

（4）管理体系的本质安全。建立健全完善的规章制度和规范、科学的管理制度，并规范地运行，实现管理零缺陷，安全检查经常化、时时化、人人化，使安全管理无处不在，无人不管。

从“人、设备、环境、管理”四个要素入手，以班组实现“思想无懈怠、管理无空档、设备无隐患、系统无盲区、安全零事故”为主要目标，开展“本质安全型班组”建设活动，通过创建本质安全型班组实现本质安全型企业。本质安全型班组建设具体开展实施为：

（1）抓人的安全意识。企业要善于运用文化的力量引导员工的安全作业习惯。利用企业安全文化理念，营造氛围，推动实现本质安全型班组，用文化的价值导向有力地强化员工的安全意识和安全习惯。对员工进行形式多样的安全教育培训活动，强化员工安全意识，提升其安全技能。

（2）抓物（设备）的安全状态。企业班组以“精细”为原则，从管理、制度、监督、过程控制等方面，查找设备的突出问题和隐患，密切关注设备运行状况，及时发现并消除安全隐患。按设备的故障规律，定好设备的检查、试验、修理周期，并要按期进行检查、试验、修理，巩固设备安全运行的可靠性。建立设备管理档案、台账，做好设备事故调查、讨论分析，制定保证设备安全运行的安全技术措施。

（3）优化安全生产环境。运用安全法制手段加强环境管理，预防事故的发生；深化精细化管理，对工作环境深入开展全面的风险评估，结合评估结果进行整改；治理作业现场危害，预防、控制职业病发生；使用劳动保护用品，预防、控制事故的发生。

（4）强化安全管理。狠抓制度建设，完善企业管理标准，规章制度、规程、手册等要定期修订，使之更符合现场实际情况，内容更全面、更具体，操作性更强。结合生产现场实际，编制修订应急预案，并定期开展模拟演练，通过演练不断总结修订预案，使之更切合实际。

想要建设本质安全型班组，应当加强对班组建设的检查和考评，建立激励机制。

五、安全责任管理制度

班组每一名员工都要在各自的分工范围内为安全生产尽职尽责，员工的安全职责需要用制度的形式予以明确，便于严格落实员工安全责任，加强监督管理。班组安全责任包括：班组长安全生产责任、安全员安全生产责任和员工安全生产岗位责任。

落实安全生产责任制度，班组员工职责分明，各尽其责，能增强员工对安全生产的主人翁感，能充分调动各个岗位人员的主观能动性。发生工伤事故，利用安全生产责任制可以比较清楚地分析事故，弄清楚从管理到操作各方面的责任，对吸取教训、搞好整改、避免事故重复发生有重要意义。具体开展实施为：

（1）明确责任。安全部门制定班组安全生产责任制度，明确班组长、安全员、班组员工的安全职责。

（2）落实责任。落实该项制度，组织员工学习，员工按照制度要求和职责内容认真落实安全生产责任制度，班组长组织全员重温安全承诺，牢牢掌握本岗位的安全职责，将责任落到实处。各岗位人员按照为自己负责、为他人负责、为大局负责的理念，落实好本岗位的安全职责。

(3) 考核奖惩。对班组以及班组长的安全生产责任的贯彻执行情况进行考核，考核结果直接与经济挂钩。安全生产责任制与奖惩制度的结合，也是加强安全生产规章制度教育的一个重要手段，对干部、员工自觉执行安全生产规章制度，具有十分重要的作用。

班组安全生产责任制的落实应当与企业安全生产责任制的落实相结合，做到事事有人管，层层有专责，真正把安全生产的责任落到人头，管理落到实处。

六、建设“五型”班组

班组是企业生产经营活动的基层组织，是企业一切工作的落脚点。加强班组建设，是企业的一项长期战略举措。“五型”班组即技能型、效益型、管理型、创新型、和谐型班组，全国总工会认为，这“五型”体现了新时期班组建设的基本目标和发展方向。

“五型”班组创建活动的主要内容如下。

1. 创建学习型班组

(1) 重视学习，倡导终身学习理念，积极开展“创建学习型组织，争做知识型员工”活动，经常组织学习理论和业务技术知识，学习氛围浓厚。

(2) 充分肯定和尊重员工的学习热情、学习成果和劳动创造，形成工作学习化、学习工作化，以学习推动工作、以工作促进学习的局面。

(3) 根据施工经营任务，注重组织员工分析图纸，严格按施工技术方案进行施工，能够及时发现问题并提出改进措施，经常性提合理化建议，班组创新创效的实践能力突出。

(4) 能够结合施工经营实际，组织进行班组岗位培训，积极开展“以师带徒”活动。

(5) 认真组织班组成员参加所在单位或公司举办的各种业务技术学习和培训，按时参加技能鉴定，积极参与各种技术比武、比赛。

2. 创建安全型班组

(1) 高度重视安全工作，牢牢坚持“安全第一，预防为主”的方针，结合实际，创造性地开展班组安全治理工作。

(2) 全员安全意识强，熟知并能深刻领会公司安全理念，切实树立“我要安全、我会安全、我能安全”的意识。

(3) 认真组织班组成员参加单位举办的HSE知识学习及各种安全知识培训、技术交底、应急预案的演练等，把握安全生产应知应会知识，自我保护能力不断增强。

(4) 班组长切实履行班组安全第一责任人职责，坚持班前安全讲话并规范记录，坚持进行安全监督检查，班组成员能够互相爱护，互相提醒，互相监督，尤其要做好对新员工的安全监护。

(5) 班组成员能够自觉规范穿戴各种个体防护用品，严格遵守各种安全制度和操作规程，果断抵制和反对“三违”，防止安全责任事故。

3. 创建清洁型班组

(1) 班组环境保护意识强。班组施工生产过程中，始终注重保护周边环境，对“三废”能按规定妥善处理，对发现的超标排放行为能及时向单位领导反映。

(2) 工作场所整洁有序。班组及其成员的工作场所、休息室等，能按公司现场标准化治理规定布置，物品摆放有序，整洁无废物。

(3) 生活驻地环境好。注重保护生活驻地环境和卫生，不乱扔乱倒垃圾，班组宿舍内地面干净、无异味，个人物品摆放整洁。

(4) 班组成员讲究个人卫生，注重仪表仪容，在有着装要求的场合，能按规定统一着装、整洁划一，体现出公司的良好形象。

4. 创建节约型班组

(1) 班组认真贯彻执行国家和上级的有关节能法规、政策，且能够结合实际，制定有关节能降耗的具体办法和措施并加以落实。

(2) 科学生产提高效益。班组及其成员在施工生产过程中，注重科学组织、合理安排，有效利用资源提高效益。

(3) 加强成本分析与控制。班组经常组织进行针对性的成本分析，并采取相应措施，班组成员有强烈的成本意识，时刻注重精打细算。

(4) 班组成员有良好的节俭习惯。坚持对班组成员进行勤俭节约的道德教育，养成和保持良好的节俭习惯，爱护公物，班组范围内无长流水、长明灯等不良现象。

5. 创建和谐型班组

(1) 团结协作干事创业。班组成员能够始终同心同德，围绕班组目标团结一致，协作奋进，按时高质量地完成承担的各项任务。

(2) 正确处理同所在单位、部门、其他班组等各方面的关系，相处融洽。

（3）班组成员之间互相关心，互相爱护，互相谅解，互相帮助，无打架斗殴现象，凝聚力强。

（4）班组成员遵章守纪，集体荣誉感强。班组及其成员关心爱护集体，服从领导，服从安排，组织纪律观念强，无违法乱纪现象；积极参加所在单位或上级组织的集体活动，努力争创和维护班组荣誉，班组内充满乐观、健康、向上的良好氛围。

开展“五型”班组创建活动，是加强基层建设、提高班组战斗力和凝聚力的重要措施。各级领导班子要以求真务实的作风，立足实际，细致工作，把这项活动扎实有效地开展下去。“五型”班组创建活动的具体要求有。

（1）要加强组织领导。各级党组织是“五型”班组创建活动的领导者，人力资源部是创建活动的主管部门，负责创建活动的日常工作。各级党组织要把创建活动作为一项重要任务来抓，列入议事日程，加强具体指导，务必狠抓落实。相关部门和单位既要各负其责，又要相互配合，从自身实际出发，切实抓好创建活动的开展和考核评价工作，及时总结和推广经验，切实促进班组建设。

（2）要务求取得实效。要把创建活动同促进公司基层建设、增强综合实力、保持稳定发展的大局联系起来，同加快完成生产经营目标任务，推动本单位、部门、项目部各项工作的开展紧密结合，不做表面文章，不搞形式主义，确保创建活动取得实效。要通过创建活动的开展，进一步提高班组的整体素质，推动基层建设上水平。

（3）要完善治理措施。“五型”班组创建活动，既是加强班组建设的有力举措，又是以班组为核心推动基础治理的重要形式，各级领导班子、机关治理部门要增强责任心，善于在创建活动中发现问题、解决问题，探索创新，根据公司工作的总体部署和要求，不断完善和落实加强班组治理，加强基层建设的具体措施，推动治理工作上水平。

（4）要严格组织考评。根据“五型”班组创建活动的目标要求，由人力资源部牵头，每年组织对公司范围的班组按照“好”“较好”“一般”“差”四档进行一次考核评价。综合考评情况由人力资源部分析汇总，党委组织公司“创先争优”活动领导小组审定“五型”班组，并从中按比例提出参加公司“功勋班组”评选的候选班组。班组对创建活动中存在的问题要认真总结分析，提出改进措施，努力提高班组综合能力，为公司建设多做贡献。

第三节 岗位职业健康保障能力

职业健康是对工作场所内产生或存在的职业性有害因素及其健康损害进行识别、评估、预测和控制的一门科学，其目的是预防和保护劳动者免受职业性有害因素所致的健康影响和损害，使工作适应劳动者，促进和保障劳动者在职业活动中的身心健康和社会福利。危险源是指可能导致人员伤害或疾病、物质财产损失、工作环境破坏或这些情况组合的根源或状态因素。在生产活动中，应当根据职业健康安全管理国家标准，对员工在岗位上存在的危险源进行有效的管控，消除或减少其对员工健康的危害，提高岗位职业健康保障能力。

一、职业危害因素的辨识

《职业病危害因素分类目录》将职业危害因素分为六大类，即粉尘、化学因素、物理因素、放射性因素、生物因素及其他因素。职业健康是指对生产过程中产生的有害员工身体健康的各种因素所采取的一系列治理措施和卫生保健工作。

职业危害因素分类为：

(1) 粉尘。矽尘（硅尘）、煤尘、石墨粉尘、炭黑粉尘、石棉粉尘、滑石粉尘、水泥粉尘、云母粉尘、陶土粉尘、铝尘、电焊烟尘、铸造粉尘、白炭黑粉尘、白云石粉尘、玻璃钢粉尘、玻璃棉粉尘、茶尘、大理石粉尘、二氧化钛粉尘、沸石粉尘、谷物粉尘、硅灰石粉尘、硅藻土粉尘、活性炭粉尘、聚丙烯粉尘、聚丙烯腈纤维粉尘、聚氯乙烯粉尘、聚乙烯粉尘、矿渣棉粉尘、麻尘、棉尘、木粉尘、膨润土粉尘、皮毛粉尘、桑蚕丝尘、砂轮磨尘、石膏粉尘、石灰石粉尘、碳化硅粉尘、碳纤维粉尘、稀土粉尘、烟草尘、岩棉粉尘、萤石混合性粉尘、珍珠岩粉尘、蛭石粉尘、重晶石粉尘、锡及其化合物粉尘、铁及其化合物粉尘、锑及其化合物粉尘、硬质合金粉尘，以及上述未提及的可导致职业病的其他粉尘。

(2) 化学因素。铅及其化合物（不包括四乙基铅）、汞及其化合物、锰及其化合物、镉及其化合物、铍及其化合物、铊及其化合物、钡及其化合物、钒及其化合物、磷及其化合物（磷化氢、磷化锌、磷化铝、有机磷单列）、砷及其化合物、铀及其化合物、砷化氢、氯气、二氧化硫、光气（碳酰氯）、氨、偏二甲基肼（1,1-二甲基肼）、氮氧化合物、一氧化碳、二硫化碳、硫化氢、磷化氢、磷化锌、磷化铝、氟及其无机化合物、氰及腈类化合物、四乙基铅、有机锡、羰基镍、苯、甲苯、二甲苯、正己烷、汽油、一甲胺、有机氟聚合物单体及其热裂解物、二氯乙烷、四氯化碳、氯乙烯、三氯乙烯、氯丙烯、氯丁二烯、苯的氨基及硝基化合物（不含三硝基甲苯）、三硝基甲苯、甲醇、酚、五氯酚及其钠盐、甲醛、硫酸二甲酯、丙烯酰胺、二甲基甲酰胺、有机磷、氨基甲酸酯类、杀虫脒、溴甲烷拟除虫菊酯、铟及其化合物、溴丙烷（1-溴丙烷、2-溴丙烷）、碘甲烷、氯乙酸、环氧乙烷、氨基磺酸铵、氯化铵烟、氯磺酸、氢氧化铵、碳酸铵、α-氯乙酰苯、二乙烯基苯、过氧化苯甲酰、乙苯、碲化铋、铂化物、1,3-丁二烯、苯乙烯、丁烯、二聚环戊二烯等375类化学物质及以上未提及的可导致职业病的其他化学因素。

（3）物理因素。噪声、高温、低气压、高气压、高原低氧、振动、激光、低温、微波、紫外线、红外线、工频电磁场、高频电磁场、超高频电磁场及以上未提及的可导致职业病的其他物理因素。

（4）放射性因素。密封放射源产生的电离辐射（主要产生γ、中子等射线）、非密封放射性物质（可产生α、β、γ射线或中子）、X射线装置（含CT机）产生的电离辐射（X射线）加速器产生的电离辐射（可产生电子射线、X射线、质子、重离子、中子以及感生放射性等）、中子发生器产生的电离辐射（主要是中子、γ射线等）、氡及其短寿命子体（限于矿工高氡暴露）、铀及其化合物，以及以上未提及的可导致职业病的其他放射性因素。

（5）生物因素。艾滋病病毒（限于医疗卫生人员及人民警察）、布鲁氏菌、伯氏疏螺旋体、森林脑炎病毒、炭疽芽孢杆菌及以上未提及的可导致职业病的其他生物因素。

（6）其他因素。金属烟、井下不良作业条件（限于井下工人）、刮研作业（限于手工刮研作业人员）。

二、职业危害因素的危害与防护

1. 生产性粉尘的危害及预防

（1）生产过程中形成的粉尘对人体有多方面的不良影响。粉尘进入肺泡后，肺泡内的巨噬细胞视粉尘为异物将其吞噬，导致一系列复杂的机体反应，促使肺组织纤维化，使受影响的肺泡逐渐失去换气功能而“死亡”，当有大量肺泡“死亡”时，最终导致尘肺（肺尘埃沉着病），人将感到胸闷、呼吸困难，尤其是二氧化硅能引起严重的尘肺病。

（2）工业防尘有两套方法，即以湿式作业为主的防尘措施方法和以干法生产条件下采取的密闭、通风、除尘措施办法。另外，还有一些辅助性防尘措施，如在入风巷道、回风巷道设水幕，接触粉尘的工人必须佩戴防尘口罩等。

2. 生产性毒物的危害及预防

(1) 生产性毒物主要经过吸入，由呼吸道进入肺循环；经皮肤吸收，进入体循环；经口腔进入血液循环。人体内的所有细胞都需要氧气，缺少氧气，细胞就要死亡。空气中的氧气进入细胞，主要有两个过程，一个是肺泡内的氧气进入血液中与含二价铁的血红蛋白相结合，成为“氧合血红蛋白”，这个过程叫作外呼吸过程；另一个是氧合血红蛋白随着血液循环到各个组织后，又可将氧放出交给细胞中的含有三价铁的细胞色素氧化酶，细胞才能利用氧气，这个过程叫作内呼吸过程。一些有毒气体可以阻断外呼吸的过程，另一些有毒气体可以阻断内呼吸过程，使得细胞不能得到氧气，这些有毒气体叫窒息性气体。

毒物进入血液循环后，就会出现恶心、呕吐、出汗、腹痛、腹泻、头晕、流涎等症状，甚至出现呼吸困难、心率过缓、昏迷等严重症状。在生产过程，常见的窒息性气体有两大类：一类是单纯性窒息性气体，如甲烷、二氧化碳和氮气等气体；另一类是化学性窒息性气体，如一氧化碳、硫化氢及氰化氢等。

(2) 单纯性窒息性气体，本身无毒或者毒性甚微。例如氮气是无色、无毒、无味的气体，本身无毒，但作业环境中氮气浓度含量大于84%时，会使氧气浓度降低，导致人因缺氧出现窒息症状，如头晕、头痛、呼吸困难、心搏加快，以致昏迷和死亡。而化学性窒息性气体，由呼吸过程吸入后，则可与人体内血红蛋白结合，抑制组织细胞色素氧化酶，影响氧在组织内的传递和代谢，导致组织缺氧，引起窒息。例如，硫化氢、氢化物在空气中浓度过高时，吸入后可使人呼吸停止，在极短时间内死亡。

(3) 工业防毒主要通过工艺改革，密闭、通风净化系统、设局部排气罩。排出的气体需要净化降低毒物的危害。

(4) 个人防毒主要有：穿防护服、防护鞋，戴防护帽、防护眼镜、防护手套等基本防护措施，同时可以佩戴防毒面具、防护口罩。

3. 物理性职业健康的危害及预防

(1) 长时间地接触噪声导致听力阈值升高，造成不可逆性的噪声性耳聋。长时间接触振动，造成振动病，严重危害人体健康。

(2) 微波、红外线、紫外线、激光、电离辐射等各种射线对人体也会造成一定的损坏，导致辐射病、白血病发生，对家庭造成严重影响。

(3) 工业防辐射主要是控制辐射源，主要采用时间防护、距离防护，可用夹有细金属丝和涂银的织品作屏蔽。个人防护主要有：穿防护服、防护鞋，戴防护镜等措施。

4. 异常气象条件对职业健康的危害及预防

高温、高湿、高寒、高气压、高风速等都属于异常气象条件。高温、高湿条件会使人大量排汗，电解质失去平衡，体内聚集的热量无法及时排出，体温过高，对人体的呼吸、循环、消化、泌尿系统造成不良影响。低温使人易患感冒、肺炎、肾炎、肌痛、关节炎等。

在高温、高湿或在强热辐射的不良条件下进行的生产劳动通称高温作业。高温作业按其气象条件的特点可分为3个基本类型：

(1) 高温、强热辐射作业。如冶金工业的炼焦、炼钢、轧钢等；机械制造工业的铸造、锻造、热处理等，瓷、砖瓦等工业烧窑。

(2) 高温、高湿作业。其气象特点是温度、湿度高，而热辐射强度不大。例如印染、造纸工业中材料的加热或蒸煮。

(3) 夏季露天作业。夏季在农田、建筑搬运等露天劳动作业中，工人除受太阳的辐射作用外，还接受加热的地面和周围物体放出的辐射热。

技术措施包括改革工艺流程，尽量实现机械化，减少高温产品在工作地点的暴露时间，减少工人接触的机会；车间内部安排要合理，各处热源要安排在主导风向的下风处，对热源要采取隔绝措施；加强通风降温，高温车间应设进气口和开侧窗，利用空气对流进行通风降温，如自然通风不能满足降温要求时可采用机械通风措施；卫生保健措施包括供给员工含盐饮料，以补充大量出汗而损失的水分和盐分；加强个人防护，根据高温作业的特点配给工人防热服及其他防护用品；加强医疗预防工作，对员工进行就业前和入暑前的身体检查工作，不适宜从事高温作业的，不应从事该项工作；组织管理工作，包括做好宣传教育，开展群众性的防暑降温工作，制定合理的劳动休息制度，安排好工间休息，保证高温作业人员有足够的休息。

对于异常气象条件的防护主要是防暑降温，具体方法有隔热、通风和个体防护，可以穿防护服、戴防护手套等。

三、作业场所的职业危害警示标识

1. 使用有毒物品作业场所警示标识的设置

(1) 在使用有毒物品作业场所的显著位置，应设置“当心中毒”“穿防护服”“注意通风”等标识。在维护或设备故障时，设置“禁止启动”或“禁止入内”等标识。

（2）在使用高毒物品作业岗位醒目位置设“有毒物品作业岗位职业健康危害告知卡”，该“告知卡”是由图形标识和文字组合成的，针对某一职业健康危害因素，告知劳动者危害后果及其防护措施的提示卡。

（3）在高毒物品作业场所设置红色警示线，在一般有毒物品作业场所设置黄色警示线。警示线应设在有毒作业场所边缘不少于 30cm 处。

2. 其他警示标识、警示线的设置

（1）设备警示标识：在可能产生职业健康危害的设备上或前方醒目位置设置警示标识。

（2）产品包装警示标识：可能产生职业健康危害的化学品或材料，产品包装上要设置醒目的警示标识和简明中文警示说明。

（3）储存场所警示标识：储存可能产生职业健康危害物质的场所，在入口和存放处设置醒目的警示标识和简明中文警示说明。

（4）职业健康危害事故现场警示线：根据实际情况，分别设置红色、绿色和黄色临时警示线，划分出不同的功能区。

四、职业危害因素的控制

控制职业病危害的方法主要有工程控制技术、职业卫生管理及个体防护设施与用品 3 类。在实际工作中，仅靠采取上述某一种方法效果是不好的，而必须综合采取以上 3 种方法，才能有效地控制职业病危害。

例如，通风技术是工业生产中经常采用的控制尘、毒、热、湿等有害物污染的重要方法，但在采取通风技术措施的同时，还必须加强职业卫生管理，制定、完善、执行通风管理规章制度，提供配套的个体防护设施，佩戴个体防护用品。

又如，工业防毒技术是控制有毒有害气体的重要方法，用燃烧净化技术来销毁有毒有害气体、蒸气或烟尘，使之变成无毒无害物质；用液体吸收剂有选择地吸收、清除某种有害气体等。

同时，必须加强工业防毒管理，提供配套的个体防护设施，佩戴个体防护用品，才能有效地控制职业病危害。还有采用低噪声材料、低噪声设备、低噪声工艺控制噪声源；通过规划管理措施和技术措施来实现控制噪声传播途径。当采用了上述管理、技术措施仍未能达到预期效果时，作业人员的个体防护也是一种经济、有效的控制噪声危害的方法，常用的防护用具有防噪声耳塞、耳罩、头盔等。

另外，其他防控职业危害的防护用品还有防毒面具、防毒口罩、防尘口

罩、防护鞋、手套等。只有合理地使用上述防护手段，才能有效地避免职业危害因素对作业人员的危害，达到防护的目的。

第四节　企业安全生产保障能力

企业，即生产经营单位是指在中国境内从事生产经营活动的单位，包括企业法人、不具备企业法人资格的合伙组织、个体工商户和自然人等生产经营主体。生产经营单位是安全生产的责任主体，其保障能力的强弱直接影响生产经营单位的安全生产。

《安全生产法》第二章生产经营单位的安全生产保障，共32条，以法律形式对生产经营单位的安全生产总体上主要提出如下要求：一是生产工艺、生产装备的本质安全和保障要求；二是安全设施、安全装置、安全防护、个体保护的功能安全措施要求；三是人力、物力、财力的保障条件要求；四是安全管理、教育培训、安全文化和人员素质等软能力的要求；五是安全报警、事故救援等应急能力和管理的要求。

一、企业安全生产管理机构

1. 生产经营单位安全生产管理机构及人员的设置

安全生产管理机构是指生产经营单位内部设立的专门负责安全生产管理事务的机构。

专职安全生产管理人员是指在生产经营单位中专门负责安全生产管理，不兼做其他工作的人员。

生产经营单位的安全生产与社会公共安全及公共利益息息相关，因此，生产经营单位安全生产机构的设置及安管人员的配备需要政府的干预与管理，不能单纯由生产经营单位自主决定。安全生产管理机构和安全生产管理人员对安全生产工作起着保障作用。矿山、金属冶炼、建筑施工、道路运输单位和危险物品的生产、经营、储存单位危险因素大，无论其规模大小，都应设置安全生产管理机构或者配备专职安全生产管理人员。生产经营单位可以根据单位规模、安全生产状况等实际情况决定设置安全生产管理机构，还是配备专职安全生产管理人员。

其他生产经营单位危险性相对较小，安全生产管理机构的设置或安全生产管理人员的配备也相对灵活，《安全生产法》第二十一条根据单位的规模大小做出了不同的要求："从业人员超过100人的，应当设置安全生产管理机构或者配备专职安全生产管理人员；从业人员在100人以下的，应当配备专职或者兼职的安全生产管理人员。"规模的界限由原来的300人，下调为100人，体现了更为严格的要求。

2. 生产经营单位安管机构及人员的7项职责

在实际工作中，生产经营单位安全生产管理机构（安管机构）以及安全生产管理人员（安管人员）的定位不清晰，责任不明确，承担的工作内容比较模糊，为了在法律层次上明确界定安管机构及人员的职责，提高其工作地位及权威性，《安全生产法》第二十二条明确了生产经营单位安管机构及人员的如下7项职责：

（1）组织或者参与拟订本单位安全生产规章制度、操作规程和生产安全事故应急救援预案。这一类重要文件的编制有利于将具体工作落实到机构及个人，这项规定明确了安管机构及人员在制度建设上的职责。

（2）组织或者参与本单位安全生产教育和培训，如实记录安全生产教育和培训情况。这一部分工作与制定并实施本单位安全生产教育和培训计划不同，属于安全生产教育和培训的具体工作，应由安管机构及人员承担。

（3）督促落实本单位重大危险源的安全管理措施。《安全生产法》及其他有关法律、法规，包括生产经营单位对重大危险源的安全管理做了一系列规定，安管机构及人员有责任督促落实相应的安全管理措施。

（4）组织或者参与本单位应急救援演练。应急救援演练作为日常安全生产工作的重要组成部分，其频次、规模、方式都应有具体安排并与生产工作相协调。

（5）检查本单位的安全生产状况，及时排查生产安全事故隐患，提出改进安全生产管理的建议。这一规定明确了安管机构及人员在日常管理中的职责，即发现、排查隐患，提出改进建议，要求安管机构及人员切实履行检查职责，随时关注本单位的安全生产状况。

（6）制止和纠正违章指挥、强令冒险作业、违反操作规程的行为。实际中，常常出现为了赶工期、进度而做出违章指挥、违规作业和违反劳动纪律的"三违"行为。明确这一职责，有利于安管机构及人员名正言顺地进行制止和纠正，保障安全生产正常进行。

（7）督促落实本单位安全生产整改措施。安管机构及人员是督促落实整改措施的第一责任人，有责任督促落实安全生产整改措施。

3. 安管机构及人员恪尽职守的责任

《安全生产法》第二十三条明确规定："生产经营单位的安全生产管理机构

以及安全生产管理人员应当恪尽职守，依法履行职责。”

所谓“恪尽职守”，是指安管机构及人员严格地按照相关法律法规、本单位的规章制度要求，切实履行自己的每一项职责，不懈怠，不玩忽职守。安全生产无小事，事事关乎人民群众的生命财产安全。安管机构及人员依法履行职责，保障了本单位安全生产工作有人抓，有成效，达到最大限度预防或减少事故发生的目的。如果不依法履行职责，安全生产管理机构和安全生产管理人员须依法承担法律责任。

4. 安管机构及人员履行职责时的权利

实践中，由于生产经营单位的组织架构和内部分工的问题，安全生产管理机构以及安全生产管理人员的话语权比较弱，难以参与涉及安全生产的经营决策，因而生产经营单位的决策的正确性、适用性难以得到保障。因此，《安全生产法》第二十三条明确规定：“生产经营单位作出涉及安全生产的经营决策，应当听取安全生产管理机构以及安全生产管理人员的意见。”

这一规定保障了安全生产管理机构及安全生产管理人员的话语权，确保安全生产的经营决策既与相关法律法规的要求相适应，又与本单位安全生产实际情况相符合。该规定从法律层面上进一步强化安管机构及人员在生产经营单位安全生产经营决策上的地位，更好地确保了生产经营单位对安管机构及人员话语权的保障，使其在制定相关决策时能够认真听取安管人员意见。

5. 保护履行职责的安管人员

实践中，安全生产工作往往不能带来直接的经济效益，一定程度上反而会增加成本甚至降低生产经营效率。因此，安全生产管理人员在依法履行职责的过程中不可避免地会和业务部门甚至管理层产生冲突，有可能会遭到打击报复。因此，《安全生产法》第二十三条对生产经营单位做出了明确规定，要求其“不得因安全生产管理人员依法履行职责而降低其工资、福利等待遇，或解除与其订立的劳动合同”。这一规定使安管人员在履行职责时无后顾之忧。

在“危险物品的生产、储存以及矿山、金属冶炼”这一类高危行业中，安管人员依法履行职责尤为重要，而与其他部门甚至领导产生冲突的可能也越大。因此需要监督部门对生产经营单位任免安全生产管理人员进行监督，要求生产经营单位将安全生产管理人员的任免告知有关监督部门。

二、企业的安全生产责任制

1. 单位负责人的安全责任

《安全生产法》第五条规定了生产经营单位的主要负责人对本单位的安全

生产工作要全面负责。

安全生产工作是企业管理工作中的重要内容，涉及企业生产经营活动的各个方面。所谓的“全面负责”是指必须要由企业“一把手”挂帅领导，统筹协调。生产经营单位可以安排副职负责人协助主要负责人分管安全生产工作，但不能因此减轻或免除主要负责人对本单位安全生产工作所负的全面责任。生产经营单位主要负责人对安全生产全面负责，不仅是对本单位的负责，也是对社会应负的责任。

2. 企业主体的安全生产责任

企业安全生产主体责任是指生产经营单位依照法律、法规规定，应当履行的安全生产法定职责和义务。做好安全生产工作，落实生产经营单位主体责任是根本。《安全生产法》把明确安全责任、发挥生产经营单位安全生产管理机构和安全生产管理人员作用作为一项重要内容，总则中从三个方面做出重要规定：

（1）明确委托规定的机构提供安全生产技术、管理服务的，保证安全生产的责任仍然由本单位负责；

（2）明确生产经营单位的安全生产责任制的内容，规定生产经营单位应当建立相应的机制，加强对安全生产责任制落实情况的监督考核；

表 4-5　企业各层人员应有的安全责任理念及认知

决策者	建立“安全责任重于泰山”“为官和善、积德”的理念，做到： (1)思想上到位，时刻铭记“安全第一，预防为主，综合治理”的方针； (2)工作上到位，把安全生产作为企业首要的工作和核心价值； (3)制度上到位，将安全生产责任制层层分解，落实到人，并建立考核机制； (4)资源上到位，建立健全安全机构，配备安技安管人员，保证安全投入，保证安全生产的正常进行
管理者	建立“向上级负责，向下级负责，向自己负责”的理念，做到： (1)对企业的生产经营安全负责； (2)对企业员工的生命安全、健康保障负责； (3)对自身的职业岗位负责
执行者	建立“我的安全我负责，他人安全我有责，企业安全我尽责”的理念，做到： (1)担当安全生产的落实责任； (2)在自己岗位范围内做到以安全为前提； (3)做到“主动尽责”“自我规管”

（3）明确生产经营单位的安全生产管理机构以及安全生产管理人员履行的职责。

企业安全生产主体责任的落实需要全员的担当，即决策者、管理者和执行者，都应从思想认识上建立起符合时代发展和现代社会要求的安全责任理念，如表 4-5 所示。班组长既是企业基层的安全管理者，更是安全的执行者。

“我的安全我负责，他人安全我有责，企业安全我尽责”的理念，是现代企业安全管理的主流意识，各级领导、负责人在切实承担起安全生产第一责任的同时，应当将“主动尽责”的理念通过各种形式灌输到每个员工的心中，从而使每个员工都参与到安全生产管理中来，最终实现企业整体的安全。

3. 安全生产责任制的责任人

安全生产责任制的重要作用之一，即通过把责任落实到人，解决“由谁负责”的问题，防止因为责任的主体不明确导致无人负责。《安全生产法》第十九条指出，“生产经营单位的安全生产责任制应当明确各岗位的责任人员”。明确岗位责任人时应注意以下三点：

（1）明确管理岗位、操作岗位及其他辅助性岗位等每个岗位的责任人；

（2）实行全员责任，从主要负责人、分管负责人和其他相关负责人、安全生产管理人员、现场指挥调度人员到班组长及组员，应使每个人的责任都得到明确；

（3）责任人需要具体到个人，落实到每个人身上。

班组工作中，班组长需要严格落实本单位安全生产责任制的相关规定，实行班组全员责任，从组长到组员，明确每个人的责任。将责任具体落实到个人，共同负责的工作中，应明确哪些人共同负责。

4. 明确安全生产责任制的责任范围

《安全生产法》第十九条规定，“生产经营单位的安全生产责任制应当明确各岗位的责任范围”。明确安全生产责任制的责任范围，目的在于解决每个岗位“负什么责任”的问题，明确每个人的责任，防止因责任不明使员工感到无所适从。明确责任范围，需要做到以下三点要求：

（1）边界清晰，不可模模糊糊、范围不明；

（2）范围应合理，与岗位职责相称，进而体现出差异性；

（3）责任范围的设置要具体，不可过于笼统。

班组长作为现场指挥应和管理人员负责一线安全生产管理工作，组员的责任则是按章操作。班组长是搞好安全生产工作的关键，是法律、法规的直接执行者。班组长应督促本班组的工人遵守有关安全生产的规章制度和安全操作规程，不违章指挥、不违章作业、不强令工人冒险作业。

5. 明确安全生产责任制的考核标准

为督促责任制的落实，做到安全生产工作时时处处有人抓、有人管，实现安全生产，《安全生产法》第十九条明确指出，“生产经营单位的安全生产责任制应当明确各岗位的考核标准”。

明确考核标准的意义在于能够有效地、系统性地检验各岗位人员是否严格履行了岗位责任，并检验履行责任的程度和效果，是保障安全生产责任制落实的重要一环。考核标准依据不同岗位、不同人员的实际情况制定。因此，具有针对性和可操作性是考核标准的关键。班组长应熟悉本单位制定的本班组各个岗位的考核标准，严格依照标准对组员进行评定，同时，帮助组员熟悉相应考核标准，使组员进一步明确自己的责任。

6. 安全生产责任制的监督考核机制

《安全生产法》第十九条明确规定："生产经营单位应当建立相应的机制，加强对安全生产责任制落实情况的监督考核，保证安全生产责任制的落实。"其中，"相应的机制"是指对安全生产责任制的落实情况进行监督考核的机制。没有相应的监督考核机制，安全生产责任制的落实就可能成为空谈，安全生产责任制的落实也无法得到保障。

生产经营单位应根据自身情况，建立相应机制。比如，建立各岗位对安全生产责任制落实情况的自查自纠和定期报告制度；建立定期考核、随机检查制度，把安全生产责任制的落实放入日常检查项目之中；对安全生产责任制的落实进行评估，实行绩效考核，与相应的奖惩制度挂钩等。通过相应机制的建立，最终达到落实安全生产责任制的目的。

三、加强安全培训工作的管理

《安全生产法》第二十五条规定了生产经营单位必须承担的法定义务是"对从业人员进行安全生产教育和培训"。其中，安全生产教育和培训的基本目标是"保证从业人员具备与本单位生产经营活动有关的安全生产知识，熟悉有关安全生产规章制度、安全操作规程，掌握本岗位的安全操作技能，了解事故应急处理措施，知悉自身在安全生产方面的权利和义务"。

新版《安全生产法》中增加了"了解事故应急处理措施以及知悉自身在安全生产方面的权利和义务"两方面内容。班组长掌握这方面的知识，在发生生产安全事故时可以采取有效措施保护自身及班组成员安全，同时尽可能防止事故扩大，减少事故损失。班组成员知悉自身在安全生产方面的权利义务，可以在生产活动中遵章守纪，做好自己本职工作的同时更好地维护自身安全，对生产经营单位安全生产工作形成有效监督和制约。班组长应带领班组成员按照规定参加教育培训活动，未经安全生产教育培训不得上岗作业。

如果班组成员内包括被派遣劳动者，生产经营单位应保障其与正式员工一样，具备必要的劳动保护条件，以及相应的教育培训，保障不同劳动人员的公平性。培训内容包括安全操作规程、安全技能，以及讲授一些常识性安全生产知识，开展安全生产法律法规、安全作业意识、遵章守纪方面的教育和培训等。如果班组成员包括实习生，生产经营单位应根据实习生介入生产的方式，比如观摩、学习方式，进行相应的安全生产教育和培训，提供必要的劳动防护用品，不要求完全和正式员工一样，同时，学校也应对学生负有管理责任。

安全教育的内容主要包括 4 大方面：

1. 思想政治教育

思想政治教育是安全教育的一项重要内容，其主要为安全生产打下思想基础，通常包括思想教育和法纪教育两个方面。思想教育主要是提高广大员工对安全生产重要意义的认识，正确处理安全和生产的关系，自觉搞好安全生产。法纪教育是思想政治教育的一个重要方面，它主要是使广大干部和群众懂得严格执行安全生产法规和劳动纪律对实现安全生产的重要性。

2. 安全生产方针和政策教育

安全生产方针和安全生产政策教育，是思想政治教育的另一方面。党和国家的安全生产方针和安全生产政策是制订各项安全生产规章制度的依据，而这些规章制度既是大事故教训的总结，又是安全生产工作经验的结晶。

3. 安全技术知识教育

安全技术知识教育包括一般生产技术知识、一般安全技术知识和专业安全技术知识的教育。要掌握安全技术知识，就应该首先掌握一般的生产技术知识。一般的生产技术知识教育，其主要内容包括：企业的基本生产概况、生产过程、作业方式，还有与生产过程和作业方式相适应的各种机器设备的使用知识，工人在生产中积累的操作技能和经验，以及产品的构造、性能规格和质量要求等。

一般安全技术知识教育，是企业所有员工都必须接受的基本安全技术知识教育，主要包括以下内容：

① 企业内危险设备和场所及其安全防护的基本知识；

② 有关电气设备（动力、照明）的基本安全知识；

③ 起重机械和厂内运输的有关安全知识；

④ 生产中使用的有毒有害物料或可能散发有毒有害物质的“三全”防护基本知识；

⑤ 企业中一般消防制度和规则，个人防护用品的正确使用以及伤亡事故报告等。

专业安全技术知识教育，是对操作人员按具体工种所进行的专业安全技术知识教育，包括工业卫生技术知识和专业的安全技术操作规程、制度。例如锅炉、受压容器、起重机械、电气、焊接、防爆、防尘、防毒、噪声控制等。

4. 事故教育

在安全教育中结合事故教训进行教育，可以使员工从事故中吸取教训、总结经验、改进工作，从而做到自觉地实现安全生产和文明生产。坚持事故处理“四不放过”的很重要的一条，就是要从事故中吸取教训，防止今后发生重复事故。因此，结合本企业、外企业的事故教训对员工进行教育，也是安全教育的一项重要内容。

为保障企业安全生产，应当建立安全管理和应急管理双重保障机制，从安全管理保障和应急管理保障两方面保障安全生产。

（1）安全管理中要注重风险预控。通过识别生产经营活动中存在的危险、有害因素，并运用定性或定量的统计分析方法确定其风险严重程度，进而确定风险控制的优先顺序和风险控制措施，以达到改善安全生产环境、减少和杜绝安全生产事故的目标。

（2）安全管理中的隐患查治。隐患指作业场所、设备及设施的不安全状态，人的不安全行为和管理上的缺陷，是引发安全事故的直接原因。重大事故隐患是指可能导致重大人身伤亡或者重大经济损失的事故隐患，加强对重大事故隐患的控制管理，对于预防特大安全事故有重要的意义。根据隐患的隐蔽性、危险性、突发性、因果性、连续性、重复性、意外性、时效性、特殊性、季节性这十大特征，定期进行隐患排查，并对发现的隐患进行及时有效的排除。

（3）应急管理中应注重资源预备。在应急管理中，应急资源的有效配置、整合与及时供给将直接影响应急管理的效果。因此在应急管理中，应当对应急资源的配置与整合进行有效合理的管控，对于应急资源的存放及运输应当建立有效机制。

（4）应急管理中的能力建设。培养员工应急能力，如消防能力、风险辨识能力、现场处置能力、逃生能力、急救能力等。培养组织能力，如风险辨识评估能力、应急信息控制能力、应急指挥协调能力、新闻媒体应对能力、应急响应处置能力、各级预案衔接能力、应急预案改善能力等。

第五章 我做安全——会做到

第一节 安全生产“十做到”

一、起重作业“十做到”

为保证起重作业安全，防止事故发生，在起重作业过程中应当遵循“十做到”：

第一条　做到超过额定负荷不吊；
第二条　做到指挥信号不明，重量不明，光线暗淡不吊；
第三条　做到吊绳和附件捆缚不牢，不符合安全要求不吊；
第四条　做到行车吊挂重物直接进行加工的不吊；
第五条　做到工件上站人或物体上浮有活动物的不吊；
第六条　做到氧气瓶等具有爆炸性物体不吊；
第七条　做到带棱角缺口未整好不吊；
第八条　做到埋在地下的物体不吊；
第九条　做到违章指挥不吊；
第十条　做到不歪拉斜吊。

二、电焊气割“十做到”

为保证电焊气割作业安全，防止事故发生，在电焊气割作业过程中应当遵循“十做到”：

第一条　做到无特种作业操作证，不焊、不割；

第二条　做到雨天、露天作业无可靠安全措施，不焊、不割；

第三条　做到装过易燃、易爆及有害物品的容器，未进行彻底清洗、未进行可燃物浓度检测，不焊、不割；

第四条　做到在容器内工作无 12V 低压照明和通风不良，不焊、不割；

第五条　做到设备内无断电，设备未卸压，不焊、不割；

第六条　做到作业区周围易燃易爆物品未消除干净，不焊、不割；

第七条　做到焊体性质不清、火星飞向不明，不焊、不割；

第八条　做到设备安全附件不全或失效，不焊、不割；

第九条　做到锅炉、容器等设备内无专人监护、无防护措施，不焊、不割；

第十条　做到禁火区内未采取安全措施、未办理动火手续，不焊、不割。

三、防止储罐跑油（料）“十做到”

对于石油化工储罐的生产设施，须执行如下十条规定：

第一条　做到按时检测，定点检查，认真记录；

第二条　做到油品脱水，不得离人，避免跑油；

第三条　做到油品收付，核定流程，防止冒串；

第四条　做到切换油罐，先开后关，防止憋压；

第五条　做到油罐用后，认真检查，才能投用；

第六条　做到现场交接，严格认真，避免差错；

第七条　做到呼吸阀门，定期检查，防止抽瘪；

第八条　做到重油加温，不得超标，防止突沸；

第九条　做到管线用完，及时处理，防止冻凝；

第十条　做到新罐投用，验收签证，方可进油（料）。

第二节　事故预防“十不准”

安全禁令“十不准”是专门针对一些特殊作业提出，如：电作业“十不准”，防火、防爆“十不准”，高处作业“十不准”等。

一、电作业“十不准”

第一条　无证电工不准安装电气设备；
第二条　任何人不准玩弄电气设备和开关；
第三条　不准使用绝缘损坏的电气设备；
第四条　不准利用电热设备和灯泡取暖；
第五条　不准用水冲洗和揩擦电气设备；
第六条　雷电时不准接触避雷器和避雷针；
第七条　熔丝熔断时不准调换容量不符的熔丝；
第八条　不准在埋有电缆的地方未办任何手续打桩动土；
第九条　任何人不准启动挂有警告牌和拔掉熔断器的电气设备；
第十条　有人触电时应立即切断电源，未切断前不准接触触电者。

二、高处作业“十不准”

第一条　患有高血压、心脏病、贫血、癫痫、深度近视等疾病不准登高；
第二条　无人监护不准登高；
第三条　没有戴安全帽、系安全带、扎紧裤管时不准登高作业；
第四条　作业现场有六级以上大风及暴雨、大雪、大雾不准登高；
第五条　脚手架、跳板不牢不准登高；
第六条　梯子无防滑措施、未穿防滑鞋不准登高；
第七条　不准攀爬井架、龙门架、脚手架，不准乘坐非载人的垂直运输设备登高；
第八条　携带笨重物件不准登高；
第九条　高压线旁无遮拦不准登高；
第十条　光线不足不准登高。

三、防火、防爆“十不准”

要做好企业的消防工作，做到防火、防爆，须遵守以下“十不准”：
第一条　不准在厂内吸烟及携带火种和易燃、易爆、有毒、易腐蚀物品入厂；
第二条　不准未按规定办理用火手续，在厂内进行施工用火或生活用火；
第三条　不准穿易产生静电的服装进入油气区工作；
第四条　不准穿带铁钉的鞋进入油气区及易燃、易爆区；

第五条　不准用汽油、易挥发溶剂擦洗设备、衣物、工具及地面等；

第六条　不准未经批准的各种机动车辆进入生产装置、罐区及易燃、易爆区；

第七条　不准就地排放易燃、易爆物料及危险化学品；

第八条　不准在油气区用黑色金属或易产生火花的工具敲打、撞击和作业；

第九条　不准堵塞消防通道及随意挪用或损坏消防设施；

第十条　不准损坏厂内各类防爆设施。

四、车辆安全“十不准”

第一条　不准超速行驶、酒后驾车；

第二条　不准无证开车或学习、实习司机单独驾驶；

第三条　不准空挡放坡或采用直流供油；

第四条　不准人货混载、超限装载或驾驶室超员；

第五条　不准违反规定装运危险物品；

第六条　不准迫使、纵容驾驶员违章开车；

第七条　不准车辆带病行驶或私自开车；

第八条　不准非机动车辆或行人在机动车临近时，突然横穿马路；

第九条　不准吊车、叉车、电瓶车等工程车辆违章载人行驶或作业；

第十条　不准撑伞、撒把、带人及超速骑自行车。

五、不安全行为“十不准”

应用不安全行为“十不准”是对现场人的不安全行为的管理方式：

第一条　安全教育和岗位技术考核不合格者，不准独立顶岗操作；

第二条　不按规定着装或班前饮酒者，不准进入生产岗位和施工现场；

第三条　不戴好安全帽者，不准进入生产装置和检修、施工现场；

第四条　未办理安全作业票及不系安全带者，不准高处作业；

第五条　未办理安全作业票，不准进入塔、容器、罐、油舱、反应器、下水井、电缆沟等有毒、有害、缺氧场所作业；

第六条　未办理维修工作票，不准拆卸停用的与系统连通的管道、机泵等设备；

第七条　未办理电气作业“三票”，不准电气施工作业；

第八条　未办理施工破土工作票，不准破土施工；

第九条　机动设备或受压容器的安全附件、防护装置不齐全好用，不准启动使用；

第十条　机动设备的转动部件，在运转中不准擦洗或拆卸。

第三节　十大高危作业安全措施

《安全生产法》第四十条中，将需要安排专门人员进行现场安全管理的危险作业的范围扩大，除了爆破、吊装以外，增加了国务院安全生产监督管理部门会同国务院有关部门规定的其他危险作业，进一步保障了危险作业人员的安全。

危险作业，也称高危作业或高风险作业，是指任务紧急特殊，不适于执行一般性安全规程，安全可靠性差，容易发生人身伤亡或设备损坏等安全事故，对操作者本人、他人及周围设施的安全有重大危害，且后果严重，需要采取特别控制措施的特殊作业。

高危作业是针对作业过程来说，要求以作业许可证制度来管理的危险性作业，通常各行业可能的高危作业有：动火作业、受限空间作业、粉尘爆炸危险场所作业、煤气区域作业、高温液态金属运输作业、爆炸作业、吊装作业、高处作业、动土作业、断路作业、临电作业、高危设备检维修作业等。

规定“安排专门人员进行现场安全管理”旨在保障作业人员切实遵守操作规程，确保相应的安全措施得到落实。

特种作业是针对作业人员来说，要求经过安全培训，具备作业资格证的高危作业，主要包括：

①电工作业：电气安装、维修、维护等。②金属焊接切割作业：电焊、气割、气焊。③起重机械作业：门式、塔式、桥式、缆索起重机，其他移动起重机作业与安装、拆除、维修；施工升降机、电梯作业、安装、拆除与维修；起重指挥司索等。④厂内机动车驾驶：厂内运输汽车、轨道机车、铲车、叉车、推土机、装载机、挖掘机、压路机、电瓶车、翻斗车等作业。⑤登高架设及高空悬挂作业：各种排架、平台、栈桥的架设、拆除；外墙、坝面清理、装修；悬挂设备安装、维修。⑥制冷作业：制冷设备操作、安装、拆除与维修。⑦锅炉作业：司炉、维修、水质化验。⑧压力容器操作：空压设备，氧气、乙炔站设备操作、维修等。⑨爆破作业：爆破器材运输、储存、加工、使用、销毁等。⑩金属探伤检测作业：射线、超声波探伤。⑪水上作业：轮机驾驶等。

⑫其他政府有关部门明确的特种作业。

高危作业具有事故发生率高，后果严重的特点，因此，对其安全管理的要求比一般作业更严格。企业在安全管理中要特别重视和强调，以避免重大人员伤害和财产损失。下面是一些高危作业的管理制度：

一、工作票制度

1. 电气操作工作票制度

电气操作工作票是准许在电气设备或线路上工作的书面命令，也是保证电气操作安全技术措施的书面依据，表 5-1 为电气操作工作票。

表 5-1　电气作操工作票

年　　月　　日　　　　　　　　　　　　　　　　编号：

发令人：		下令时间：		年　月　日　时　分	
受令人：		操作开始时间：		年　月　日　时　分	
终了时间：				年　月　日　时　分	
操作任务：					
操作人：			监护人：		
备注：					

注：工作票应预先编号，一式两份，一份必须保存在工作地点，由工作负责人收执；另一份由值班员（工作许可人）收执，按班移交。

2. 高处作业工作票制度

为减少高处作业过程中坠落、物体打击等事故的发生，确保员工生命安全，在进行高处作业时，必须严格执行高处作业工作票制度。高处作业是指在基准面 2m 以上（含 2m），有坠落可能的位置进行的作业。高处作业分为四级：高度在 2～5m，称为一级高处作业；高度在 5～15m，称为二级高处作业；高度在 15～30m，称为三级高处作业；高度在 30m 以上，称为特级高处作业。进行三级、特级高处作业时，必须办理高处作业工作票。高处作业工作票由作业负责人负责填写，现场主管安全领导或工程技术负责人负责审批，安全管理人员进行监督检查。未办理该作业票，严禁进行三级、特级高处作业。凡患高血压、心脏病、贫血病、癫痫病以及其他不适于高处作业的人员，不得从事高处作业。高处作业人员必须系好安全带、戴好安全帽，衣着要灵便，禁止穿硬底和带钉、易滑的鞋。表 5-2 为高处作业工作票。

表 5-2 高处作业工作票 字号

工程名称：	基层审批人： 年 月 日
施工单位：	
施工地点：	有效期： 天
施工时间： 年 月 日 至 年 月 日	特殊高处作业审批
高处作业级别：	主管领导：
作业负责人姓名： 职务：	安全部门：
高处作业工作票签发条件	确认人
1. 作业人员身体条件符合要求	
2. 作业人员符合工作要求	
3. 作业人员佩戴安全带	
4. 作业人员携带工具袋	
5. 作业人员佩戴 A. 过滤呼吸器；B. 空气式呼吸器	
6. 现场搭设的脚手架、防护围栏符合安全规程	
7. 垂直分层作业中间有隔离设施	
8. 梯子或绳梯符合安全规程规定	
9. 在石棉瓦等不承重物上作业应搭设并站在固定承重板上	
10. 高处作业有充足照明，安装临时灯、防爆灯	
11. 特级高处作业配有通信工具	

注：1. 票最长有效期为 7 天，一个施工点一票。

2. 作业负责人将本票向所有涉及作业人员解释，所有人员必须在本票上面签名。

3. 此票一式三份，作业负责人随身携带一份，审批人、安全管理人员各一份，保留一年。

3. 动火作业工作票

工业动火是指使用气焊、电焊、铝焊、塑料焊喷灯等焊割工具，在油气、易燃、易爆危险区域内的作业和生产、维修油气容器、管线、设备及盛装过易燃、易爆物品的容器设备，能直接和间接产生明火的施工作业。

工业动火等级划分根据动火部位爆炸危险区域的危险程度及影响范围，石油企业工业动火可分为四级。

一级动火包括：①原油储量在 10000m^3 以上（含 10000m^3）的油库、联合站，围墙以内爆炸危险区域范围内的在用油气管线及容器带压不置换动火。②在运行的不小于 5000m^3 原油罐的罐体动火。③不小于 400m^3 的石油液化气储罐动火。④不小于 1000m^3 成品油罐和炼化油料罐、轻烃储罐动火。⑤口径大于 426mm 的长输管线，在不停产紧急情况下的动火；油（气）长输管线干线停输动火。⑥天然气井井口无控部分的动火。⑦处理重大井喷事故现场急需的动火。⑧炼油厂正在运行的生产装置区，如油罐区、溶剂罐区、气罐区、有毒介质区、液化气站；有可燃、易燃液体，液化气及有毒介质的泵房、机房、装卸区；输送易燃、可燃液体和气体管线的动火。

二级动火包括：①原油储量在 1000～10000m^3 的油库、联合站，围墙以内爆炸危险区域范围内的在用油气管线及容器带压不置换动火。②小于

5000m³的油罐（包括原油罐、炼化油料罐、污油罐、含油污水罐、含天然气水罐）的动火。③1000～10000m³原油库的原油计量标定间、计量间、阀组间、仪表间及原油、污油泵房的动火。④铁路槽车原油装栈桥、汽车罐车原油灌装油台及卸油台的动火。⑤天然气净化装置、集输站及场内的加热炉、溶剂塔、分离器罐、换热设备的动火。⑥天然气压缩机厂房、流量计间、阀组间、仪表间、天然气管道的管件和仪表处动火。⑦炼化生产装置区的分离器、容器、塔器、换热设备及轻油罐、泵房、流量计间、阀组间、仪表间；液化石油气充装间、气瓶库、残液回收库的动火。⑧输油（气）站、石油液化气站站内外设备及管线上的动火。⑨油罐区防火堤以内的动火。

石油设施动火申请报告书（格式）见表5-3。

表5-3　石油设施动火申请报告书（格式）

<table>
<tr><td colspan="2">设施名称</td><td colspan="2"></td><td>动火单位</td><td></td></tr>
<tr><td colspan="2">动火部位</td><td colspan="2"></td><td>动火类别</td><td></td></tr>
<tr><td colspan="2">动火地点</td><td colspan="2"></td><td>动火时间</td><td></td></tr>
<tr><td colspan="2">预计完工时间</td><td colspan="2"></td><td>动火负责人</td><td></td></tr>
<tr><td rowspan="3">动火部位示意图</td><td rowspan="3" colspan="3"></td><td>岗位分工</td><td rowspan="3"></td></tr>
<tr><td>安全监护人</td></tr>
<tr><td>安全措施</td></tr>
<tr><td>动火单位意见
单位（盖章）
负责人（签字）
年 月 日</td><td>设施经理审批意见
单位（盖章）
负责人（签字）
年 月 日</td><td>局属公司
单位（盖章）
负责人（签字）
年 月 日</td><td>局消防部门
单位（盖章）
负责人（签字）
年 月 日</td><td>局安全部门
单位（盖章）
负责人（签字）
年 月 日</td><td>局主管浅海
领导审批意见
负责人（签字）
年 月 日</td></tr>
</table>

4. 有限空间作业票

在化工行业有限空间作业常常是进入设备作业。进入设备作业易发生缺氧、中毒、窒息、火灾、爆炸事故。凡在生产区域内进入或探入炉、塔、釜、罐、槽车以及管道、烟道、隧道、下水道、沟、坑、井、池、涵洞等封闭、半封闭设施及场所作业统称进入设备作业。凡进入设备作业，必须办理进入设备作业票。进入设备作业票由车间安全技术人员统一管理，车间领导或安监部门负责审批。未办理作业票，严禁作业。

进入设备作业票办理程序是：①进设备作业负责人向设备所属单位的车间提出申请。②车间安全技术人员根据作业现场实际确定安全措施，安排对设备内的氧气、可燃气体、有毒有害气体的浓度进行分析；安排作业监护人，并与监护人一道对安全措施逐条检查、落实后向作业人员交底。在以上各种气体分析合格后，将分析报告单附在进入设备作业票存根上，同时签字。③车间领导在对上述各点全面复查无误后，批准作业。④进入设备作业票第一联由监护人持有，第二联由作业负责人持有，第三联由车间安全技术人员留存备查。⑤进入危险性较大的设备内作业时，应将安全措施报厂领导审批，厂安全监督部门派人到现场监督检查。表5-4是进入设备作业票。

表 5-4　进入设备作业票

设备名称		作业单位	
作业人姓名		作业地点	
作业时间	自　年　月　日　时　分 至　年　月　日　时　分	作业内容	

安全措施：

1. 所有与设备有联系的阀门、管线加盲板断开，进行工艺吹扫蒸煮。　确认人：

2. 盛装过可燃有害液体、气体的设备，分析其可燃气体，当其爆炸下限＞4%时浓度应＜0.5%，爆炸下限＜4%时浓度应＜0.2%；含氧19.5%～23.5%为合格，有毒有害物质不超过国家规定的“车间空气中有毒有害物质的最高允许浓度”指标。　确认人：

3. 设备打开通气孔自然通风2h以上，必要时采用强制通风或佩戴呼吸器；但设备内动焊缺氧时，严禁用通氧气方法补氧。　确认人：

4. 使用不产生火花的工具。　确认人：

5. 带搅拌机的设备要切断电源，在开关上挂“有人检修，禁止合闸”标志牌；上锁或设专人监护。　确认人：

6. 所用照明应使用安全电压，电线绝缘良好。在特别潮湿场所和金屑设备内作业，行灯电压应12V以下。使用手持电动工具应有漏电保护。　确认人：

7. 进入设备内作业，外面须有专人监护，并规定互相联络方法和信号。　确认人：

8. 设备出入口内外无障碍物，保证畅通无阻。　确认人：

9. 盛装能产生自聚物的设备要求按规定蒸煮和做聚合物试验。　确认人：

10. 严禁使用吊车、卷扬机运送作业人员。　确认人：

11. 作业人员必须穿符合安全规定的劳动保护着装和防护器具。　确认人：

12. 设备外配备一定数量的应急救护用具。　确认人：

13. 设备外配备一定数量的灭火器材。　确认人：

14. 作业前后登记清点人员、工具、材料等，防止遗留在设备内。　确认人：

15. 对进设备作业人员及监护人进行安全应急处理、救护方法等方面教育，并明确每个人的职责。　确认人：

16. 涉及其他作业按有关规定办票。　确认人：

其他补充措施：　确认人：

气体分析数据	
确认人意见	
监护人意见	
安全技术人员意见	
车间领导审批意见	

注：1. 此作业票按进设备作业规定手续办理。

2. 与本次作业有关的具体措施后划“√”。

3. 作业票一式三联，第一联由监护人持有，第二联由作业负责人持有，第三联由车间安全技术人员留存备查。

5. 破土作业票

为确保破土作业施工安全，在破土作业施工时应执行《土方与爆破工程施工及验收规范》《化学品生产单位动土作业安全规范》《生产区域动土作业安全规范》等规范，进行破土作业时，必须执行破土作业票制度。破土作业是各企业内部的地面开挖、掘进、钻孔、打桩、爆破等作业。破土作业票由施工单位填写，施工主管部门根据情况，组织电力、电信、生产、机动、公安、消防、安全等部门、破土施工区域所属单位和地下设施的主管单位联合进行现场地下情况交底，根据施工区域地质、水文、地下供排水管线、埋地燃气（含液化气）管道、埋地电缆、埋地电信、测量用的永久性标桩、地质和地震部门设置的长期观测孔、不明物、砂巷等情况向施工单位提出具体要求。施工单位根据工作任务、交底情况及施工要求，制定施工方案，落实安全施工措施，经有关部门确认后会签，报施工主管部门和施工区域所属单位审批。施工主管部门现场责任人和施工区域所属单位责任人要签署意见。破土作业票的有效期在运行的生产装置、系统界区内最长不超过 3 天，界区外不超过一周。破土施工单位应明确作业现场安全负责人，对施工过程的安全作业全面负责。表 5-5 破土作业工作票。

表 5-5　破土作业工作票

工程名称		施工单位	
施工地点		作业形式	
作业时间	年　月　日　时起　年　月　日　时止		
施工作业内容：			
序号	作业条件确认		确认人
1	电力电缆已确认，保护措施已落实		
2	电信电缆已确认，保护措施已落实		
3	地下供排水管线、工艺管线已确认，保护措施已落实		
4	已按施工方案图划线施工		
5	作业现场围栏、警戒线、警告牌、夜间警示灯已按要求设置		
6	已进行放坡处理和固壁支撑		
7	道路施工作业已报：交通、消防、调度、安全部门		
8	人员进出口和撤离保护措施已落实：A. 梯子；B. 修坡道		
9	备有可燃气体检测仪、有毒介质检测仪		
10	作业现场夜间有充足照明：A. 普通灯；B. 防爆灯		
11	作业人员必须佩戴防护器具		
12	补充安全措施：		
现场施工单位负责人签名		现场安全负责人签名	
施工主管部门现场责任人意见：			签名：
施工区域所属单位责任人意见：			签名：
施工主管单位审批意见：			签名：
施工区域所属单位领导审批意见：			签名：
相关单位领导审批意见：			签名：
厂主管领导审批意见：			签名：

二、风险分级方法

进行高处作业、动土作业、有限空间作业、动火作业、吊装作业、临时用电作业、盲板抽堵作业、设备设施检修作业等高危作业时，应进行风险分级评估，悉知风险等级，预防事故发生。

1. 高处作业风险分级方法

运用累加评点法，建立高处作业风险分级模型，数学模型为风险值 $D=\sum C_i$，其中 C_i 为高处作业风险评价指标分值。

为了保证本方法的可操作性，同时反映各指标重要性的不同，通过指标赋值来反映权重情况。给指标赋予不同的最高分值，表明指标的权重值不同，具体的赋值标准如表5-6所示。

表 5-6　指标赋值标准

指标重要性 R_{fi}	最高分值
(4.5,5]	10
(4,4.5]	8
(3.5,4]	5

参照《高处作业分级》（GB/T 3608—2008）和《化学品生产单位高处作业安全规范》（AQ 3025—2008）的规定，根据指标筛选中得到的指标重要性确定每个评价指标划分标准，见表5-7。

表 5-7　高处作业风险评价指标分值

代号	评价指标	描述	分值
C_1	气候条件	风力六级及以上或者有雨、雪的天气室外高处作业	10
		五级风力的室外高处作业	5
		非以上两种情况	0
C_2	作业场所	在易燃、易爆、易中毒、易灼伤的区域或转动设备附近进行的高处作业	10
		临近排放有毒、有害气体，粉尘的放空管线或烟囱的场所	5
		非以上提到的区域	0
C_3	作业温度（高温或低温）	Ⅳ级	5
		Ⅲ级	3
		Ⅱ级	1.6
		Ⅰ级	0
C_4	体力劳动强度	Ⅳ级	5
		Ⅲ级	3
		Ⅱ级	1.6
		Ⅰ级	0
C_5	作业场所光线	作业场所光线不足、能见度差进行的高处作业	5
		在室外完全采用人工照明进行的夜间高处作业	3
		在锅炉、压力容器及压力管道上或设备内采用安全电压进行的高处作业	1.6
		作业场所光线充足，不存在照明问题	0

续表

代号	评价指标	描述	分值
C_6	作业平台	无立足点或无牢靠立足点的露天攀登与悬空高处作业	8
		在无平台、无护栏的锅炉、压力容器及压力管道上或设备内进行的高处作业	5
		在升降(吊装)口、坑、沟道、孔洞周围进行的高处作业	1.6
		在平稳的平台上进行的高处作业	0
C_7	与带电体的距离	带电高处作业	5
		与带电体的距离小于表 5-8 的规定	1.6
		远离带电体的高处作业	0
C_8	作业高度(h)/m	$h>30$	10
		$15<h\leqslant 30$	5
		$5<h\leqslant 15$	3
		$2\leqslant h\leqslant 5$	1.6
C_9	作业人数	≥10	10
		[3,10)	5
		<3	1.6

注：1. 作业温度分级是按照《工作场所职业病危害作业分级　第 3 部分：高温》(GBZ/T 229.3—2010) 和《低温作业分级》(GB/T 14440—1993) 中规定的分级标准。

2. 体力劳动强度是按照《工作场所物理因素测量 第 10 部分：体力劳动强度分级》(GBZ/T 189.10—2007) 中规定的分级标准。

3. 带电高处作业是指作业人员在电力生产和供电、用电设备的维修中采取地（零）电位或等（同）电位作业方式，接近或接触带电体对带电设备和线路进行的高处作业。

4. 高处作业与带电体之间的距离是根据《高处作业分级》(GB/T 3608—2008) 中规定的作业活动范围与危险电压带电体的距离标准，如表 5-8。

表 5-8　作业活动范围与危险电压带电体的距离

危险电压带电体的电压等级/kV	距离/m
≤10	1.7
35	2.0
63～110	2.5
220	4.0
330	5.0
500	6.0

根据表 5-7 判断出风险分级评价指标的得分，运用公式 $D=\sum C_i$ 计算得出高处作业风险值，并按照表 5-9 得出其风险等级。

表 5-9 高处作业风险等级对照表

风险值 D	风险等级
<14.4	Ⅲ(低)
[14.4,15)	Ⅱ(中)
≥15	Ⅰ(高)

2. 动土作业风险分级方法

运用累加评点法，建立动土作业风险分级模型，数学模型为风险值 $D=\sum C_i$，其中 C_i 为动土作业风险评价指标分值。

参照《化学品生产单位动土作业安全规范》（AQ 3023—2008）的规定，根据指标筛选中得到的指标重要性确定每个评价指标划分标准，见表 5-10。

表 5-10 动土作业风险评价指标分值

代号	评价指标	描述	分值
C_1	天气环境	大雨、暴雨 或大雪、暴雪	10
		中雨或中雪	5
		小雨或小雪	3
		非雨、雪天气	1.6
C_2	土壤性质	积水、泥泞	5
		潮湿、松软	3
		表面干燥,内部较干燥	1.6
		干燥、良好	0
C_3	作业深度(挖土、打桩、地锚入土深度)/m	≥5	10
		[2,5)	5
		[1.5,2)	3
		[0.5,1.5)	1.6
C_4	地面堆放负重/(kg/m^2)	>500	5
		>200	3
		>100	1.6
		>50	0
C_5	地下设施	临近	5
		无	0
C_6	作业时段	节假日	5
		20时至次日8时	3
		工作日,工作时间	1.6
C_7	作业时长/h	>4	10
		(3,4]	8
		(2,3]	5
		≤2	1.6
C_8	作业人数	≥10	10
		[3,10)	5
		<3	1.6

根据表5-10判断出风险分级评价指标的得分，运用公式 $D=\sum C_i$ 计算得出动土作业风险值，并按照表5-11得出其风险等级。

表 5-11　动土作业风险等级对照表

风险值 D	风险等级
<12.8	Ⅲ(低)
[12.8,15)	Ⅱ(中)
≥15	Ⅰ(高)

3. 有限空间作业风险分级方法

运用累加评点法，建立有限空间作业风险分级模型，数学模型为风险值 $D=\sum C_i$，其中 C_i 为有限空间作业风险评价指标分值。

参考《化学品生产单位受限空间作业安全规范》（AQ 3028—2008）的规定，根据指标筛选中得到的指标重要性确定每个评价指标划分标准，见表5-12。

表 5-12　有限空间作业风险评价指标分值

代号	评价指标	描述	分值
C_1	有限空间类型	密闭设备	5
		地下有限空间	3
		地上有限空间	1.6
C_2	作业环境	有毒有害、易燃易爆、腐蚀物质、缺氧；高温；存在坍塌、淹溺危险的场所	10
		盛装过有毒有害、易燃易爆、腐蚀物质的场所	5
		有上述危险但是经过置换、吹扫、隔离处理的场所	1.6
		无上述危险的场所	0
C_3	作业方式	热工作业、涂装作业、高危作业	10
		常规作业	1.6
C_4	出入有限空间的方式	出入口有限，出入受到限制	5
		出入方便	0
C_5	作业时段	节假日	5
		20时至次日8时	3
		工作日，工作时间	1.6
C_6	作业时长/h	>4	10
		(3,4]	8
		(2,3]	5
		≤2	1.6
C_7	作业人数	≥10	10
		[3,10)	5
		<3	1.6

注：密闭设备如船舱、储罐、车载槽罐、反应塔（釜）、冷藏箱、压力容器、管道、烟道、锅炉等。地下有限空间如地下管道、地下室、地下仓库、地下工程、暗沟、隧道、涵洞、地坑、废井、地窖、污水池（井）、沼气池、化粪池、下水道等。地上有限空间如储藏室、酒糟池、发酵池、垃圾站、温室、冷库、粮仓、料仓等。

热工作业仅指焊接、气割及能产生明火、火花或灼热工艺的作业。

根据表 5-12 判断出有限空间作业风险分级评价指标的分值，运用公式 $D=\sum C_i$ 计算得出有限空间作业风险值，并按照表 5-13 得出其风险等级。

表 5-13　有限空间作业风险等级对照表

风险值 D	风险等级
<11.2	Ⅲ(低)
[11.2,15)	Ⅱ(中)
≥15	Ⅰ(高)

4. 动火作业风险分级方法

运用累加评点法，建立动火作业风险分级模型，数学模型为风险值 $D=\sum C_i$，其中 C_i 为动火作业风险评价指标分值。

参考《化学品生产单位动火作业安全规范》（AQ 3022—2008）的规定，根据指标筛选中得到的指标重要性确定每个评价指标划分标准，见表 5-14。

表 5-14　动火作业风险评价指标分值

代号	评价指标	描述	分值
C_1	动火作业级别	特殊动火作业	10
		一级动火作业	5
		二级动火作业	1.6
C_2	特殊作业条件	五级风以上(含五级)	10
		露天作业	3
		非以上两种条件	0
C_3	作业方式	明火作业	5
		非明火作业	1.6
C_4	作业时段	节假日	5
		20 时至次日 8 时	3
		工作日,工作时间	1.6
C_5	作业时长/h	>4	10
		(3,4]	8
		(2,3]	5
		≤2	1.6
C_6	作业人数	≥10	10
		[3,10)	5
		<3	1.6

注：特殊动火作业即在生产运行状态下的易燃易爆生产装置、输送管道、储罐、容器等部位上及其他特殊危险场所进行的动火作业。带压不置换动火作业按特殊动火作业管理。

一级动火作业即在易燃易爆场所进行的除特殊动火作业以外的动火作业。厂区管廊上的动火作业按一级动火作业管理。

二级动火作业即除特殊动火作业和一级动火作业以外的禁火区的动火作业。凡生产装置或系统全部停车，装置经清洗、置换、取样分析合格并采取安全隔离措施后，可根据其火灾、爆炸危险性大小，经厂安全（防火）部门批准，可按二级动火作业管理。

根据表5-14判断出动火作业风险分级评价指标的分值，运用公式 $D=\sum C_i$ 计算得出动火作业风险值，并按照表5-15得出其风险等级。

表5-15　动火作业风险等级对照表

风险值 D	风险等级
<9.6	Ⅲ(低)
[9.6,15)	Ⅱ(中)
≥15	Ⅰ(高)

5.　吊装作业风险分级方法

运用累加评点法，建立吊装作业风险分级模型，数学模型为风险值 $D=\sum C_i$，其中 C_i 为吊装作业风险评价指标分值。

参考《化学品生产单位吊装作业安全规范》（AQ 3021—2008）的规定，根据指标筛选中得到的指标重要性确定每个评价指标划分标准，见表5-16。

表5-16　吊装作业风险评价指标分值

代号	评价指标	描述	分值
C_1	吊装重物的质量/t	>100	8
		[40,100]	5
		<40	1.6
C_2	吊装物形状	吊装物品形状复杂、刚度小、长径比大、精密贵重	5
		形状规则	1.6
C_3	货物载荷与额定起重能力比/%	75	10
		(50,75)	5
		≤50	1.6
C_4	天气状况	六级以上风力	10
		四级以上风力	5
		二级以上风力	3
		风力小于二级	1.6
C_5	作业平台	起重机械作业时作业平台不平或者地基沉陷	5
		起重机械作业时作业平台平坦，地基稳固	0
C_6	吊装类型	关键性起吊	10
		非关键性起吊	0

续表

代号	评价指标	描述	分值
C_7	作业时段	节假日	5
		20时至次日8时	3
		工作日，工作时间	1.6
C_8	作业人数	≥10	10
		[3,10)	5
		<3	1.6

注：当符合下列任何一种条件时，可认为是关键性起吊。

1. 货物需要一台以上的起重机起吊；
2. 偏离负载能力标牌上标明的能力或限制；
3. 吊臂在障碍物另一边起吊，操作员无法目视且仅靠指挥信号操作；
4. 吊臂和货物与管线、设备或输电线路的距离小于规定的安全距离；
5. 气候异常，如风、雨、雪、雷电、沙尘暴等。

根据表5-16判断出吊装作业风险分级评价指标的分值，运用公式 $D=\sum C_i$ 计算得出吊装作业风险值，并按照表5-17得出其风险等级。

表5-17 吊装作业风险等级对照表

风险值 D	风险等级
<12.8	Ⅲ(低)
[12.8,15)	Ⅱ(中)
≥15	Ⅰ(高)

6. 临时用电作业风险分级方法

运用累加评点法，建立临时用电作业风险分级模型，数学模型为风险值 $D=\sum C_i$，其中 C_i 为临时用电作业风险评价指标分值。

参考《施工现场临时用电安全技术规范》（JGJ 46—2005）的规定，根据指标筛选中得到的指标重要性确定每个评价指标划分标准，见表5-18。

表5-18　临时用电作业风险评价指标分值

代号	评价指标	内容	分值
C_1	临时用电设备台数	>5	10
		<5	3
C_2	临时用电设备总容量/kW	>50	5
		[30,50]	3
		<30	1.6
C_3	作业区域	潮湿区域，塔、釜、槽、罐等金属设备内，金属构架上等导电性能良好的作业场所	10
		非上述场所	0
C_4	用电时限	在同一部位单项工作用电时间超过72h	5
		在同一部位单项工作用电时间少于72h	1.6

续表

代号	评价指标	内容	分值
C_5	临时用电电压	高压	5
		低压	3
		安全电压	1.6
C_6	手持电动工具类别	Ⅰ类工具	5
		Ⅱ类工具	3
		Ⅲ类工具	1.6
C_7	作业时段	节假日	5
		20时至次日8时	3
		工作日,工作时间	1.6
C_8	作业人数	≥10	10
		[3,10)	5
		<3	1.6

根据表5-18判断出临时用电作业风险分级评价指标的得分，运用公式$D=\sum C_i$计算得出临时用电作业风险值，并按照表5-19得出其风险等级。

表5-19 临时用电作业风险等级对照表

风险值D	风险等级
<12.8	Ⅲ(低)
[12.8,15)	Ⅱ(中)
≥15	Ⅰ(高)

7. 盲板抽堵作业风险分级方法

运用累加评点法，建立盲板抽堵作业风险分级模型，数学模型为风险值$D=\sum C_i$，其中C_i为盲板抽堵作业风险评价指标分值。

参考《化学品生产单位盲板抽堵作业安全规范》(AQ 3027—2008)的规定，根据指标筛选中得到的指标重要性确定每个评价指标划分标准，见表5-20。

表5-20 盲板抽堵作业风险评价指标分值

代号	评价指标	描述	分值
C_1	作业场所	强腐蚀性、有毒有害、高温介质管道、设备的作业;易燃易爆场所作业	10
		一般场所、管道、设备的作业	0
C_2	作业温度(高温或低温)	Ⅳ级	5
		Ⅲ级	3
		Ⅱ级	1.6
		Ⅰ级	0
C_3	作业方式	复杂	5
		简单	1.6

续表

代号	评价指标	描述	分值
C_4	作业时段	节假日	5
		20时至次日8时	3
		工作日,工作时间	1.6
C_5	作业时长/h	>4	10
		(3,4]	8
		(2,3]	5
		≤2	1.6
C_6	作业人数	≥10	10
		[3,10)	5
		<3	1.6

注：作业温度分级是根据《工作场所职业病危害作业分级 第3部分：高温》（GBZ/T 229.3—2010）和《低温作业分级》（GB/T 14440—1993）中规定的分级标准。

根据表5-20判断出盲板抽堵作业风险分级评价指标的得分，运用公式 $D=\sum C_i$ 计算得出盲板抽堵作业风险值，并按照表5-21得出其风险等级。

表5-21　盲板抽堵作业风险等级对照表

风险值 D	风险等级
<8	Ⅲ(中)
[8,15)	Ⅱ(较高)
≥15	Ⅰ(高)

8.　设备设施检修作业风险分级方法

运用累加评点法，建立设备设施检修作业风险分级模型，数学模型为风险值 $D=\sum C_i$，其中 Ci 为设备设施检修作业风险评价指标分值。

参考《化学品生产单位设备检修作业安全规范》（AQ 3026—2008）的规定，根据指标筛选中得到的指标重要性确定每个评价指标划分标准，见表5-22。

表5-22　设备设施检修作业风险评价指标分值

代号	评价指标	描述	分值
C_1	天气环境	大雨、暴雨或大雪、风力≥5级或可能已经出现能见度小于1000m的雾	10
		中雨、中雪、风力[4,5)级或可能已经出现能见度在1000～2000m的轻雾	5
		小雨、小雪、风力[3,4)级或可能已经出现能见度在1000～4000m的轻雾	3
		非以上天气	0

续表

代号	评价指标	描述	分值
C_2	作业类型	特殊检修，但不得不进行带料作业，没法进行清罐、停工	10
		特殊检修，须对设备进行大的维修，不带料作业，必须进行清罐、停工后方可作业	5
		一般维修，不需要清罐、停工	1.6
C_3	作业前安全检查情况	有异常，未修复且影响生产	5
		有异常，未修复，但不影响生产	3
		有异常情况，已修复	1.6
		无异常情况	0
C_4	作业时段	节假日	5
		20时至次日8时	3
		工作日，工作时间	1.6
C_5	作业时长/h	>4	10
		(3,4]	8
		(2,3]	5
		≤2	1.6
C_6	作业人数	≥10	10
		[3,10)	5
		<3	1.6

根据表5-22判断出设备设施检修作业风险分级评价指标分值，运用公式$D=\sum C_i$计算得出作业风险值D，并按照表5-23得出其风险等级。

表5-23 设备设施检修作业风险等级对照表

风险值D	风险等级
<9.6	Ⅲ（低）
[9.6,15)	Ⅱ（中）
≥15	Ⅰ（高）

此外，当两项特种作业同时、同地进行或交叉进行时，其各自风险等级上升一级，三种或以上特种作业同时、同地进行或交叉进行时，风险等级为Ⅳ级（最高）。

第四节 生产过程“四不伤害”

“四不伤害”是指在生产过程中的操作者本人做到“不伤害自己，不伤害他人，不被他人伤害，保护他人不受伤害”。开展“四不伤害”活动是营造和谐安全文化的重要方式。“四不伤害”活动的开展，在实践中已得到验证，为减少伤亡事故的发生起到了重要作用。

“不伤害自己”，就是要员工自己的工作行为不对自己的身体产生伤害。在作业过程中，应当自觉遵守操作规程和各种规章制度，自觉服从安全管理；要努力学习安全生产知识，提高危险辨识和事故防范能力；要正确佩戴和使用劳动保护用品（用具），搞好个体防护工作，这样才能做到不伤害自己。

“不伤害他人”，就是要在作业过程中，杜绝不安全行为，发现事故隐患和其他险情及时处理或向管理人员报告，不制造、遗留事故隐患。特别是多人作业的场所，更要关注他人的安全，关注周围的安全状况，留意周围的人在做什么事，自己的行为会不会给他人带来伤害，保证不伤害他人。

“不被他人伤害”，就是要员工加强自身防范和自我保护能力，对自己工作环境的危险程度和可能出现的不安全因素做出判断，注意他人的行为会不会对自己构成威胁，发现“三违”现象，不仅不同流和服从，还要敢于抵制，及时果断处理险情并报告上级，做到不被他人伤害。

“保护他人不受伤害”，就是要提示他人遵守各项规章制度和安全操作规范；提出安全建议，互相交流，向他人传递有用的信息；视安全为集体的荣誉，为团队贡献安全知识，与他人分享经验；关注他人身体、精神状况等异常变化；一旦发生事故，在保护自己的同时，要主动帮助身边的人摆脱困境。

要做到“四不伤害”，需要从以下几个方面努力。首先，要强化自我保护意识。常说：自己的安全自己管，光靠别人不保险。因此，在工作中，针对自己的安全，自己该做什么，不该做什么，应该怎么去做，自己必须清清楚楚。要加强学习，不断提高危险辨识和事故防御的能力，确保自己的安全。其次，要强化联保意识。在工作中，要多留意和观察周边的安全情况，关键时刻要多提醒身边的同事，一个提醒，就可能防止一次事故，就可能挽救一个生命。再次，要注意周围同事的行为，他们的行为对自己的安全能不能构成威胁，发现“三违”及时制止，绝不能视而不见，更不能盲从。否则，一个违章就有可能酿成大祸，一旦大祸临头，自己也难逃厄运。最后，要有关心爱护他人安全的意识。把保护他人的安全当作自己的一种责任，要形成“人人爱我，我爱人人”的好风气，增强班组的凝聚力，提高班组的安全管理水平。

如果在安全管理中，把“四不伤害”切实落到实处，自保、互保、联保多管齐下，多一点理解，多一点帮助，多一点爱，团队精神就会更强，员工之间就会更和谐，安全工作就会更好。

“四不伤害”活动应由安全部门制定员工安全责任并定期进行行为检查，制定“四不伤害”安全承诺书，由宣传部门下发、宣传，面对所有基层员工。包括以下步骤：

（1）宣传教育。召开专题动员会，搞好活动宣传。开展以“四不伤害”为主要内容的教育培训，使员工牢固树立“安全第一、预防为主”的思想观念，认清事故危害的严重性，不断强化自我的安全意识。

（2）签署保证书。针对班组开展“四不伤害”承诺书签署活动，明确员工安全责任，强化员工安全意识，积极创建无事故班组。在“四不伤害”承诺书中规定了详细的作业行为规范，指导员工行为自查。

（3）行为抽查。安监部门不定期地深入班组，对员工在作业中的行为进行检查，确保活动落到实处，对查到的违背“四不伤害”承诺书的行为，予以批评和处罚。

开展“四不伤害”活动，能够提升企业本质化安全水平，强化员工个体安全生产责任意识，为企业安全工作奠定基础。落实时要注意明确责任；将抽象的安全原则转化为具体的行为规范。该活动的关键在于加强员工的自我检查、提高安全素质的意识。

第五节　作业岗位“三法三卡”

岗位安全“三法三卡”是针对具体岗位、具体人员、具体危险因子设计的易于携带和参阅的一套岗位安全工具。“三法三卡”风险防范系统结合安全系统论原理，根据《生产过程危险和有害因素分类与代码》（GB/T 13861—2009）规定的生产过程中的危险有害因素划分标准，对现场岗位的员工可能遇到的危险有害类型进行辨识评价，将其应急救护措施等信息通过便携的卡片形式，方便员工随身携带，时刻提醒员工注意自身的安全，在日常工作中不断提升自身技能。

“三法三卡”风险防范系统从根本上落实了“以人为本”的重要理念，主要描述人可能面临的各类风险或人导致的风险，根据风险识别、评价的结果，制定出相应的风险削减及控制措施，明确各岗位在风险控制和应急反应中的职责。“三法”是指按照不同行业管理体系要求设计的一套现场班组岗位安全、健康、环境保障方法体系。“三卡”是指运用安全系统工程思想，针对不同作业岗位或工种识别各类危险有害因素，设计危险、危害、安全检查信息卡，使员工掌握、了解和熟悉风险因子。实行岗位安全“三法三卡”管理，目的在于指导员工安全行为，有效控制各类危险、危害和环境影响因素，防范可能的事故、职业病和环境危害事件发生。

一、“三法”

“三法”要求加强人的技能体系。“三法”指“H法——岗位健康保障方法”、“S法——岗位事故预防方法”和“K法——岗位关键操作方法”。

“H法——岗位健康保障方法”：预防职业病的方法体系；现场急救的方法体系。其主要内容为危害类型、危害因素名称、预防及控制措施。危害因素主要按照人的因素、物的因素、环境因素、管理因素来划分，其中人的因素包括生理性危害因素、行为性危害因素；物的因素包括物理性危害因素、化学性危害因素、生物性危害因素。

“S法——岗位事故预防方法”：预防作业岗位事故发生的方法体系；事故初期的应急方法体系。其主要内容为危险类型、危险因素名称、预防及控制措施。危险因素主要按照人的因素、物的因素、环境因素、管理因素来划分，其中人的因素包括心理性危险因素、行为性危险因素；物的因素包括物理性危险因素、化学性危险因素、生物性危险因素。

“K法——岗位关键操作方法”包括防范岗位关键作业操作失误事件的方法体系。其主要内容为关键作业、操作标准、预防及控制措施和监管负责人。

二、“三卡”

“三卡”要求加强人的知识体系。运用安全系统工程思想，针对不同作业岗位或工种识别各类危险有害因素，设计危险、有害、安全检查信息卡，使员工掌握、了解和熟悉风险因了，以便在作业过程中有效控制和防范可能的事故、职业病和环境有害事件。

“三卡”指“MS卡（must-stop卡）——岗位安全作业指导卡”“HI卡——岗位危害（因素）信息卡”“DI卡——岗位危险（因素）信息卡”。

“MS卡（must-stop卡）——岗位安全作业指导卡”：员工各种作业过程的安全检查要求，必须达到的安全条件及禁止行为。

“HI卡——岗位危害（因素）信息卡”：作业岗位可能接触到的危害物质信息。其主要内容为危害因素名称、致因物、物理特性、化学特性、特性识别、接触反应、急救措施等。此卡列举的危害物质信息在“H法——岗位健康保障方法”中均有体现。

“DI卡——岗位危险（因素）信息卡”：作业岗位的危险因素、现实危险源、状态危险源信息。其主要内容为危险因素名称、起因物、产生原因、后果影响、救护反应及风险等级等。此卡列举的危险信息在“S法——岗位事故预防方法”中均有体现。

三、作业岗位安全“三法三卡”的开展与实施步骤

根据“三法三卡”的相关内容，并结合《生产过程危险和有害因素分类与代码》(GB/T 13861—2009)，以及作业岗位现场风险防范的要求，编制“三法三卡”的最终表现形式，即模式设计，表5-24～表5-29即为“三法三卡”基本模式设计。

表5-24　××工岗位健康保障方法——H法

行业：轨道交通——地铁　　　　单位：××分公司

工种：××工　　　　编号：H

本人姓名：　　　　班组长：

危害类型		危害因素名称	预防及控制措施
人的因素	生理危害因素	1. 体力、听力、视力超负荷	(1)工作人员须进行健康检查，身体合格后方准许上岗；(2)有此类健康危害的员工应及时休息、治疗，发现异常情况及时到有关医院就诊；(3)合理安排休息，注意劳逸结合
		2. 身体受伤或有疾病	
		3. 辨识错误	
		4. 从事禁忌作业	
		……	
	行为危害因素	1. 劳动防护用品穿戴不整齐	工作人员出勤时按规定着装，必须穿好绝缘鞋，佩戴手套等劳动防护用品
		2. 酒后上班	
		3. 工作时注意力不集中	
		4. 不熟悉所辖或检修的设备和系统	
		……	
物的因素	物理危害因素	1. 噪声	
		2. 电磁辐射	
		3. 振动	
		4. 静电	
		5. 火花	
		6. 用电设备拉弧	
		……	
	化学危害因素	1. 清洗剂、润滑油、焊剂等腐蚀性液体	
		2. 粉尘、灰尘	
		……	
	生物危害因素	致病微生物等	

续表

危害类型	危害因素名称	预防及控制措施
环境因素	1. 光照不良	
	2. 高温	
	3. 地沟作业强迫体位	
	4. 通风不良	
	5. 门和围栏缺陷	
	……	
管理因素	1. 职业健康体检不完善、培训制度不完善	
	2. 职业健康体检、培训制度未落实到位	
	3. 操作规程不规范	
	……	

注：1. 危害因素名称一栏中，不同岗位对应的危害因素也会不同，可根据自己岗位的特点进行辨识。

人的因素：生理危害因素包括体力、听力、视力超负荷，健康状况异常，感知延迟、辨识错误等功能缺陷；行为危害因素包括劳保用品佩戴不整齐等。

物的因素：物理危害因素包括静电、火花等电伤害，噪声，振动，电磁辐射，粉尘等；化学危害因素包括有毒品、腐蚀品等；生物危害因素包括细菌、病毒等致病微生物，传染病媒介物等。

环境因素：室内外作业场所环境不良，如采光照明不良，作业场所空气不良，温度、湿度、气压不适等，地下作业强迫体位等。

管理因素：培训制度不完善等职业安全卫生管理规章制度不完善，职业健康管理不完善等。

2. 预防及控制措施：一栏对应危害因素名称，是该危害因素应该采取的预控措施，不同岗位针对这一危害因素的预控措施也会有所不同，可参考该岗位的安全规程以及安全标准等进行编写。

表 5-25　××工岗位事故预防方法——S 法

行业：轨道交通——地铁　　　　单位：××分公司

工种：××工　　　　编号：S

本人姓名：　　　　班组长：

危害类型		危害因素名称	预防及控制措施
人的因素	心理危害因素	1. 有紧张、恐惧、挫折等心理异常现象	(1)了解产生此类心理危险因素的原因，树立良好的人生观，积极投入到工作的热情中；(2)有心理异常可请教他人寻求缓解方法；(3)员工之间相互关怀，进行团队化管理，监督提醒有不安全心理员工的错误
		2. 侥幸、麻痹、偷懒、逞能等不安全心理	
		3. 过度紧张	
		4. 孤独寂寞	
		……	
	行为危害因素	1. 集体作业时，人员指挥不当	(1)操作人员之间相互提醒、相互监督检查；(2)作业时做到呼唤应答、相互配合
		2. 未进行周围环境和人员安全确认	(1)加强瞭望确认周围环境安全，确保人员处于安全位置；(2)员工互相监督提醒
		3. 操作不当	
		4. 工作前未进行设备检查	
		……	

续表

危害类型		危害因素名称	预防及控制措施
物的因素	物理危害因素	1. 高压触电	(1)工作人员必须穿防护服；(2)送电前必须确认送电股道具备送电条件，人员处于安全位置，断送电人员执行“四确认一联系”制度；(3)断电后必须加锁
		2. 低压触电	
		3. 电击伤人	
		4. 电气设备漏电	
		5. 物体坠落打击	
		6. 高处坠落	
		7. 划伤、绞伤	
		8. 烫伤	
		9. 滑倒、绊倒	
		10. 砸伤、压伤	
		11. 车辆伤害	
		12. 高压空气	
		13. 仪表、指示灯等显示不清	
		……	
	化学危害因素	1. 火灾爆炸	(1)将易燃、可燃物放在规定位置；(2)严禁明火作业；(3)严禁带电时用易燃品清洗部件；(4)使用过的易燃品应妥善处理，不得随意倾倒
		……	
环境因素		1. 恶劣天气	当雷雨、暴风雪等恶劣天气来临时，应按照规定，防汛、防雪预案等执行
		2. 工作场所杂乱	
		3. 室内安全通道缺陷	
		……	
管理因素		1. 安全操作规程不规范	定期完善安全操作规程
		2. 监护人员未尽到职责	
		3. 隐患管理制度不健全	
		4. 事故应急预案及响应缺陷	
		……	

注：1. 危险因素名称一栏中，不同岗位对应的危险因素也会不同，可根据自己岗位的特点进行辨识。

人的因素：心理危险因素包括情绪异常、冒险心理、过度紧张等心理异常；行为危险因素包括指挥失误、违章指挥，误操作、违章作业，监护失误等。

物的因素：物理危险因素包括漏电等电伤害，信号选用不当、信号位置不当、信号不清等信号缺陷，标志不清晰、不规范、选用不当等标志缺陷，物体打击，高处坠落，车辆伤害，砸伤、压伤、挤伤、划伤等伤害；化学危害因素包括爆炸品、易燃液体、易燃固体、自燃物品和遇湿易燃物品等。

环境因素：室内外作业场所环境不良，如地面滑、作业场所狭窄、杂乱、安全通道缺陷、房屋安全出口缺陷等，恶劣气候与环境等。

管理因素：职业安全卫生责任制未落实，操作规程不规范、事故应急预案及响应缺陷等职业安全卫生管理规章制度不完善。

2. 预防及控制措施一栏对应危险因素名称，是该危险因素应该采取的预控措施，不同岗位针对这一危险因素的预控措施也会有所不同，可参考该岗位的安全规程以及安全标准等进行编写。

表 5-26　××工岗位关键操作方法——K 法

行业：轨道交通——地铁　　单位：××分公司

工种：××工　　编号：K

本人姓名：　　班组长：

关键作业	操作标准	预防及控制措施	监管负责人
××作业			
……			

注：1. 关键作业：该岗位作业中危险性较高、接触时间长、造成的后果较严重的作业。

2. 操作标准：该项作业应该达到的关键作业标准。

3. 预防及控制措施：针对该项作业的操作标准，员工应当采取的预控措施，以达到预防事故发生的目的。

4. 监管负责人：该项作业的主要负责人。

表 5-27　××工岗位安全作业指导卡——MS 卡

行业：轨道交通——地铁　　单位：××分公司

工种：××工　　编号：MS

本人姓名：　　班组长：

类型	观察点	表现形式
安全条件	1. 人的因素	(1)持操作证上岗；(2)上岗前，必须进行安全生产知识的学习，经考试合格，方可上岗工作；(3)佩戴齐全防护用品；(4)学习并遵守操作规程；(5)个人生理、心理状况正常；(6)严格遵守劳动纪律，坚守工作岗位，不串岗，不离岗，不做与本职工作无关的事
	2. 物的因素	(1)使用工具摆放整齐；(2)经定期检查确定完好，无破损、毁坏现象方可安装使用；(3)设备设施正常完好；(4)安全防护设备齐全可靠；(5)安全警示标识齐全，信号显示正常
	3. 环境因素	(1)工作环境整洁；(2)工作场所通风良好，照明充足
	4. 管理因素	(1)安全生产责任制要落实；(2)安全管理规章制度要完善；(3)职业健康管理要完善
禁止行为	1. 人的因素	(1)违反操作规程；(2)未经培训上岗；(3)实际操作能力差；(4)个人生理、心理状况不佳上岗；(5)应急反应能力差；(6)工作时擅离职守
	2. 物的因素	(1)设备存在不安全状况；(2)安全防护设施不齐全、不可靠；(3)警示标识不齐全、信号显示不正常
	3. 环境因素	(1)作业时间、空间安排不合理；(2)职业卫生存在不安全状况；(3)工作环境光线、视线、通风不良
	4. 管理因素	(1)安全生产责任制未落实；(2)安全操作规程不规范；(3)事故应急预案及响应缺陷；(4)职业健康管理不完善

注：表现形式为该岗位员工在各种作业过程的安全检查要求中，必须达到的安全条件及禁止行为，包括人、机、环境、管理四个方面。

表 5-28 ××工岗位危害因素信息卡——HI 卡

行业：轨道交通——地铁　　单位：××分公司

工种：××工　　编号：HI

本人姓名：　　班组长：

危害因素	致因物	物理特性	化学特性	特性识别	接触反应	急救措施	接触时间	风险等级
噪声	机械设备振动	响度较大	—	—	头昏、耳鸣等，重者造成噪声性耳聋	佩戴有效的耳塞、耳罩，定期进行听力检查		
电磁辐射		电磁波	—	—	长期处于电磁辐射强度大的环境中，易引起中枢神经和自主神经系统的功能障碍，主要为头晕、失眠、健忘等亚健康表现，以及疲乏无力、记忆力衰退、食欲减退等临床症状	使人员脱离电磁辐射区域，严重者送医救治		
振动		振动较大	—	—	晕眩、血压升高、心搏加快	立即远离振动源；严重者送医院进行治疗		
粉尘		呈微颗粒状	—	—	人员长期吸入，影响呼吸系统	佩戴防尘口罩；采取降尘措施，降低灰尘的飞扬		
静电		处于相对稳定状态的电荷	静电火花点燃易燃物而发生爆炸	—	长期在静电辐射下，会使人焦躁不安、头痛、胸闷、呼吸困难、咳嗽	一旦发病注意多休息，严重者及时就医		
电弧	电气设备拉弧	强光	—	特别刺眼	易导致电光性眼炎、慢性睑缘炎、结膜炎、晶体浑浊等	工作时佩戴防护眼镜或面罩；发病及时送医救治，合理休息		
腐蚀		—	—	—	烧伤手、腐蚀皮肤	(1)迅速清洗；(2)严重者及时就医		
传染病	流感	—	—	—	头晕、感冒、发热	杜绝与禽类接触，一旦发病隔离治疗		
……								

注：1. 危害因素：对应“H 法——岗位健康保障方法”中物的因素所列的各项危害因素。

2. 致因物：该岗位导致该项危害因素发生的物品、作业等。

3. 接触反应：员工接触该项危害因素后，身体产生不适的症状。

4. 急救措施：接触该项危害因素后，一旦发生危险，应当采取的急救措施。

5. 接触时间：该岗位接触该项危害因素的时间，分为长、中、短。

6. 风险等级：该岗位该项危害因素的风险等级，分为高、中、低。

表 5-29　××工岗位危险因素信息卡——DI 卡

行业：轨道交通——地铁　　　　单位：××分公司

工种：××工　　　　编号：DI

本人姓名：　　　　班组长：

危险因素	起因物	涉及的工作任务	后果影响	急救措施	可能性	风险等级
触电	电气设备	(1)电气设备操作不当 (2)在电气设备可靠度降低、线路老化、绝缘性低的情况下带电作业	神经麻痹、呼吸中断、心搏停止等现象	(1)立即断开电源；(2)切勿直接碰触触电人，使触电者舒适、安静地平卧，慢慢恢复；(3)重者用人工呼吸法抢救，就医		
物体打击			人员砸伤、压伤，重者导致死亡，可能造成财产损失	(1)负责人组织抢救；(2)立即向调度室汇报；(3)对于脊柱骨折的伤员，急救时可用木板、担架搬运，让伤者仰躺；(4)其他各伤处作应急护理		
机械伤害			人员肢体部分伤害，影响生产进度	(1)负责人组织抢救；(2)立即向调度室汇报；(3)对伤员作应急护理；(4)严重者送医救治		
车辆伤害			人员被压伤、撞伤，严重者导致死亡	(1)负责人组织抢救；(2)立即向调度室汇报；(3)对于脊柱骨折的伤员，急救时可用木板、担架搬运，让伤者仰躺；(4)其他各伤处作应急护理		
火灾爆炸			人员烧伤，可能造成财产损失	(1)上报后，将伤患移至安全场所；(2)轻者进行灼伤或烧伤的救护；(3)重者进行人工呼吸，及时就医；(4)消防队尽快组织灭火救援活动		
滑倒、绊倒			人员受伤，不利于工作的正常进行	进行止血、消毒、包扎、固定等相关处理，严重的送医院就医		
高处坠落			人员出现昏迷、呼吸窘迫等，重者大腿、膝盖等骨折	(1)去除伤者身上的工具和口袋中的硬物；(2)伤者平仰位，保持呼吸道通畅，解开衣领扣；(3)创伤局部妥善包扎；(4)快速平稳地送医院救治		

续表

危险因素	起因物	涉及的工作任务	后果影响	急救措施	可能性	风险等级
划伤、绞伤			人员受伤，不利于工作的正常进行	进行止血、消毒、包扎、固定等相关处理		
其他擦伤、砸伤、压伤、挤伤等			人员受伤，不利于工作的正常进行	进行止血、消毒、包扎、固定等相关处理		
……						

注：1. 危险因素：对应“S法——岗位事故预防方法”中物的因素所列的各项危险因素。

2. 起因物：该岗位引起该项危险因素发生的物品、作业等。

3. 涉及的工作任务：针对该项危险因素，该岗位涉及的工作任务。

4. 后果影响：该项危险因素发生后，造成的人身伤害及财产损失。

5. 急救措施：该项危险因素一旦造成紧急事故，应当采取的急救措施。

6. 可能性：该岗位该项危害因素造成事故的可能性，分为高、中、低。

7. 风险等级：该岗位该项危险因素的风险等级，分为高、中、低。

四、操作程序

1. 培训

任何一个风险防范系统，要实现其风险控制作用，都要进行系统的程序操作，“三法三卡”风险防范系统的基本模式设计后，应该由负责系统培训的专人组织进行系统培训。培训的主要内容为：

(1) 了解“三法三卡”风险防范系统的基本概念、相关定义、建立的目的和意义等内容；

(2) 为进一步的系统操作（风险辨识）进行培训，培训风险辨识的方法、步骤，切实与《生产过程危险和有害因素分类与代码》(GB/T 13861—2009)相吻合；

(3) 培训“三法三卡”卡片文件编制整理完成后的落实、实施工作；

(4) 对“三法三卡”风险防范系统的持续改进更新工作进行培训。

2. 风险辨识

风险辨识和评价是系统操作中很重要的工作，需要由专门的专家组进行讨论，组织全部岗位的安全员、技术员参与，将“三法三卡”的填充工作力争做到准确、有针对性、全面。

风险辨识的理论已经很成熟，各岗位也必有安全员和相关专家配备，将风险辨识工作做到实处非常可行。

3. 整理成稿和执行

辨识工作完成后，就是“三法三卡”卡片文件的整理成稿工作。

将辨识的各个危险有害因素填充在“三法三卡”的卡片中，并保证“三卡”里的信息与“三法”所辨识或标注的一一对应，做到信息的准确性和实用性。

卡片制作填充工作仅仅是完成了现场风险防范的指导性文件，卡片发放到每位岗位员工手中，并进行落实是实现风险控制的关键。为此编制完“三法三卡”套卡后，进行严格的培训和执行工作，才最终实现“三法三卡”管理系统的风险控制工作。

4. 修改与完善

作为一个全新的现场风险防范模式系统，“三法三卡”风险防范模式需要不断地更新，进行危险有害因素信息的补充和更新，与企业的变化和进步相适应。

“三法三卡”风险防范系统采用“计划、执行、检查、处理”（PDCA）循环管理系统来不断更新。由于企业大环境变化不多，一般选择以月为周期或是以季度为周期，搜集大量数据资料，并综合运用各种安全管理技术和方法，分析现状，找出存在的安全问题和现场风险管理问题，诊断找出产生这些问题的各种影响因素，制定措施，提出计划，在上一期编制的“三法三卡”的卡片中做相应的修改，未解决的问题，做进一步的分析诊断，直到解决为止，从而使体系事故隐患不断减少，系统功能不断加强，安全生产水平不断提高。

第六章 我成安全——达目标

第一节 人的本质安全素质

一、提高人的本质安全素质

人的本质安全素质理论是揭示和阐明人的安全素质的范畴、要素及其与事故发生的关系和规律的理论，对提高人的安全素质具有现实的意义，是指导安全教育、安全培训、安全管理，以及企业安全文化建设的理论基础。

由于人为因素导致的事故在工业生产事故中占有较大的比例，有的行业甚至高达90%以上，因此，从战略层面，人的因素在安全系统要素中处于重要地位。从人因的角度控制和预防事故，对安全的保障发挥重要作用。

第一，从教育学和管理学的角度，人的安全素质划分为基础性、根本性、关键性的三类素质。

- 基础性的素质：安全知识、安全技能、安全经验等；
- 根本性的素质：安全意识、安全态度、安全观念（价值观、情感观、生命观等）、安全责任心等；
- 关键性的素质：安全心理认知、心理应变能力、心理承受适应性能力、道德行为约束能力等。

上述三个方面的素质缺一不可，相互依赖，相互制约，构成人的全面的安全素质。

第二，从行为科学、领导科学的角度，人的安全素质可分为能力和意愿两个方面，可用人的安全行为准备度来测量，人的安全行为准备度函数是：

员工的安全行为素质测量=人的安全行为准备度 $= F$(安全能力，安全意愿)

如图 6-1 所示，人的安全行为准备度影响因素包括两大方面：

- 能力因素：知识、经验、技能；
- 意愿因素：信心、承诺、动机。

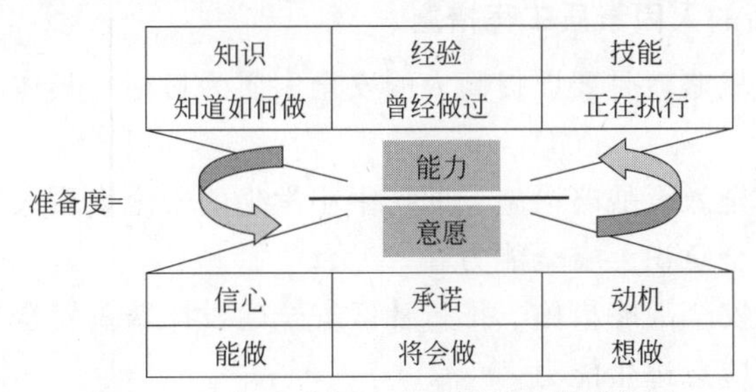

图 6-1　人的安全行为素质测量函数形象图

根据影响人的安全行为准备度的两个变量（因素）的不同水平组合，可将人的安全素质水平划分为四种类型、三个层级，见图 6-2，其中：

- 高素质：R4 类型；
- 中等素质：R3、R2 类型；
- 低素质：R1 类型。

高	中		低
R4	R3	R2	R1
• 有能力 • 有意愿 • 有信心	• 有能力 • 无意愿 • 感到不安	• 没能力 • 有意愿 • 有信心	• 没能力 • 没意愿 • 感到不安

图 6-2　人的安全素质水平和分级分类

二、人的本质安全的策略

1. 战略层面的人因素质工程措施

安全的人因战略就是要以提高人的安全素质为目标，具体的对策措施有以下内容。

（1）基础安全教育战略措施。即从中小学生的安全素质入手，普及安全教育，提高学生安全意识、安全能力。

（2）社会人安全战略措施。推行社区安全建设，普及安全知识，提升社会人的安全防灾、应急逃生能力。

（3）安全文化建设战略措施。推进以人的安全素质为目标的安全文化建设，首先是人的基本层面的安全知识和技能，其次是人的深层的安全观念、意识和态度本质素质，“意识决定行为，行为体现素质，素质决定命运”。安全文化建设的战略措施有：提高全民安全素质，规范安全行为；普及安全知识，推进安全理论创新；繁荣安全文艺创作，构建和落实安全文化建设与宣传教育体系；开展丰富多彩的安全文化建设活动，发挥安全文化功能作用，营造有利于安全生产的舆论氛围；通过文化引领，促进经济社会科学发展、安全发展，通过建设先进的安全文化，提高全民安全素质，强化全民安全意识，实现安全全民参与、全民共享的安全目标。具体的安全文化建设方法有：观念重塑、理念创新、习惯培训、人格塑造、意识强化、态度端正等。

（4）企业全员安全战略。开展企业五类人，即决策者、管理者、专业人员、执行层员工、家属五类人的安全素质工程，同时注重现场员工的能力及素质，通过人员专业化，行为检查制度，教育培训、约束激励等行为管理措施保证作业人员的安全行为。

2. 战术层面的人因管控措施

（1）针对人的基础性安全素质，可以通过教育、培训、练习、演习、操作实践、责任制、检查监督、处罚追责等方式，使员工获得、积累、提升安全素质和能力，这些方式是传统、普遍应用的安全教育、安全管理等方式。

（2）针对人的根本性安全素质，则需要用观念引导、宣传灌输、文化传播、典型示范、榜样启示、精神激励、习惯培养、权威影响、情感教化等文化建设的方式、方法才能奏效。

（3）针对人的重要性安全素质，可用法治威慑、心理疏导、经历锤炼、个人成长等方式来培养、强化、提高。

第二节　员工本质安全原理与标准

一、人因本质安全原理

人本安全原理是以“人因”为本的安全原理，也是以人的根本素质为出发点的事故预防理论和方法论。人的安全素质可划分为基本素质和根本素质。基本素质包括人的安全知识、安全技能；根本素质则涉及人的安全意识、安全观念、安全态度、情感、认知、伦理、道德、良心、意志等。基本素质可应用传统的安全教育、安全培训等方法来实现，而根本素质，传统的教育培训方法收效甚微，甚至无能为力了，只有应用文化、教化的方式才能奏效。

基于安全文化学理论，人们提出了“人本安全原理”。依据“人本安全原理”，提出了企业安全文化建设的策略，即安全文化建设的范畴体系：安全观念文化建设，安全行为文化建设，安全制度文化建设，安全物态文化建设。“人本安全原理”表明，任何企业或生产系统仅仅靠技术实现全面的本质安全是不可能的。俗话说：“没有最安全的技术，只有最安全的行为。”科学的本质安全概念，是全面的安全、系统的安全、综合的安全。任何系统既需要物的本质安全，更需要人本安全，“人本”与“物本”的结合，才能构建全面本质安全的系统。“人本”就是“以人为本”，其基本指导思想就是“依靠人、为了人”。

“一切依靠人”表明的是安全目标的实现需要依靠人去完成、去实现。在安全系统中，人的因素是第一位的，同时，工程技术、管理制度也都需要人去实施、运作和推动。因此，归根结底安全保障的一切措施都是依靠人来实现。

本质安全是安全生产追求的终极目标，也是安全系统思想的精髓，是安全系统工程的核心技术。本质安全具有以下 4 个特征：人的安全可靠性、物的安全可靠性、系统的安全可靠性、管理规范和持续改进。

人的本质安全即追求人的安全意识、安全观念、安全态度等根本素质的提升。导致事故发生的“4M”要素是人的不安全行为、物的不安全状态、环境的不安全条件和管理上的缺陷，与此相对，本质安全定律在追求人的本质安全与物的本质安全上，还要求人员、机器、环境、系统各个要素的和谐统一，实现系统的安全可靠性，并辅以管理规范和持续改进，对事故的“4M”要素进行超前预防，从总体上控制风险，实现风险最小化、安全最大化。

人的本质安全相对于物、系统、制度 3 方面的本质安全而言，具有先决性、引导性、基础性地位。人的本质安全是一个可以不断趋近的目标，人的本质安全既是过程中的目标，也是诸多目标构成的过程。

二、人因本质安全的标准

“本质安全型”员工的标准是：时时想安全——安全意识，处处要安全——安全态度，自觉学安全——安全认知，全面会安全——安全能力，现实做安全——安全行动，事事成安全—安全目的。塑造和培养本质安全型员工，需要从安全观念文化和安全行为文化入手，需要创造良好的安全物态环境，见图 6-3。

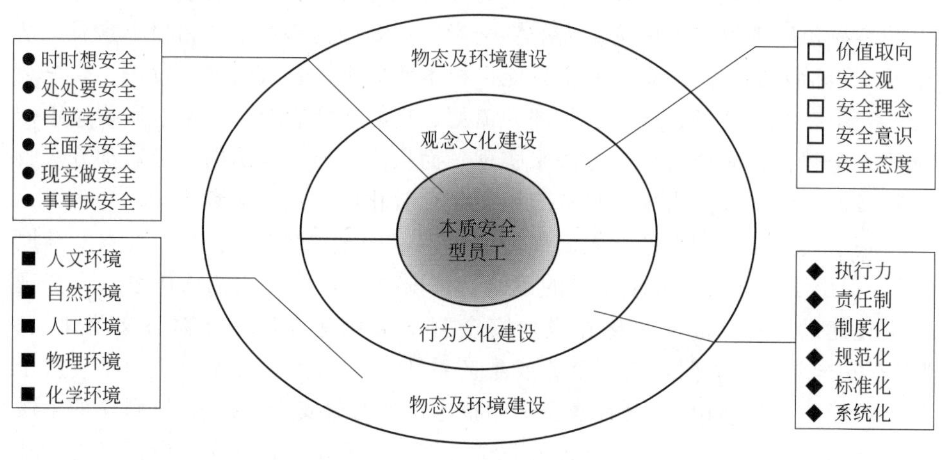

图 6-3　本质安全型员工的培塑

三、员工本质安全化的措施方法

1. 应用文化力培塑本质安全型员工

实施“本质安全型”员工培塑工程，提高和强化人的本质安全素质，从观念到意识，从意识到知识，从知识到能力。企业安全文化建设体系，即安全观念文化建设、安全行为文化建设、安全制度文化建设、安全环境文化建设。塑造本质安全型员工的方法工具见图 6-4。

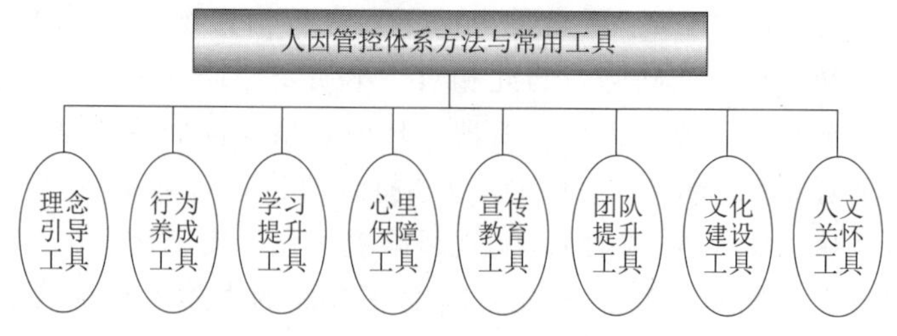

图 6-4　塑造本质安全型员工的方法工具

2. 基于安全文化学理论方法打造本质安全型员工

安全素质是“人本”安全的重要特质，提高人的安全素质可以从六个方面入手：

（1）观念培塑。建立正确的安全价值理念，树立现代的安全观念、科学的安全态度等。

（2）意识强化。遵守“安全第一”的行为准则；强化生产岗位的风险意识，提升作业过程的事故警觉性等。

（3）知识学习。掌握合理的安全认知、熟悉实用的安全知识等。

（4）技能训练。培养良好的安全习惯、提高应有的安全能力等。

（5）科普宣传。科学普及、交流报告、事故警示、现场示范等。

（6）责任建制。明责、知责、履责、审责；自我承诺、自我规管、自律自责。

图 6-5 给出了通过安全文化建设打造本质安全型员工的具体方法措施。

3. 应用系统综合对策提高人的本质安全素质

（1）应用行为学的理论方法。运用行为科学的理论，应用激励的方法提升、强化人的安全行为素质，具体的理论方法是：

权变理论：人既是事故因素也是安全的因素。

双因素理论：既要有基础管理和规范管理，也要有科学管理和文化管理。

期望理论：既要考虑期望概率也要考虑目标效价。

强化理论：希望之行为正强化，不希望之行为负强化。

公平理论：公平感和主人翁精神是安全的动力。

人性假说理论：人既是“经济人”也是“社会人”，对安全的需求不同。

ERG 理论：生存（安全）需要、关系（尊重）需要和成长（发展）需要决定行为的指向。

（2）应用管理学的理论方法。在安全管理实践中，采用约束和激励相结合的行为管控模式是最有效的。

他责与自责结合：在强化责任制度的同时，倡导自我规管。

他律与自律结合：在外部法律制度管束的同时，倡导自律意识。

惩罚与奖励结合：负强化与正强化相结合。

检查与自查结合：从上到下的检查监督与从下到上的自查自纠相结合。

外审与内审结合：外部评审与内部评审相结合。

第三方监督与自我监督结合：社会第三方监督机制与企业内部自我监督机制相结合。

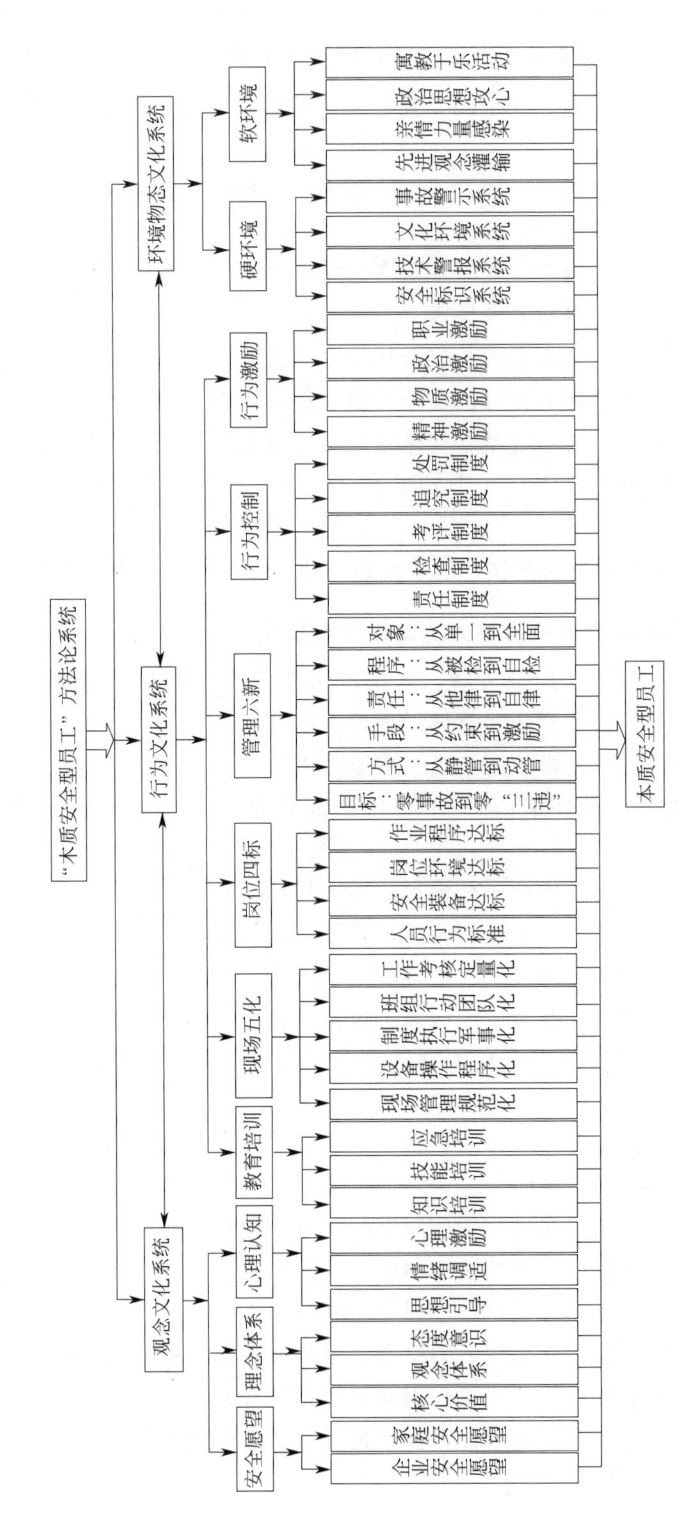

图 6-5 应用安全文化建设方法打造本质安全型员工

（3）应用心理学方法。进行事故心理的调适与干预，强化和发展人的安全心理；多用正强化（奖励与激励）、少用负强化（约束与惩罚）。

（4）领导力与全员参与措施。提高企业安全生产领导力水平，全面提升企业负责人和各级管理人员的安全领导决策能力和安全工程与管理能力；组织与动员全员参与，构建“人人有责”的安全责任体系，通过安全文化建设，实现人人都是“安全人”，人人都是“安全员”等。

第三节　教育与学习升华员工素质

一、安全教育与学习原理

1. 基本概念与原理

安全教育与学习原理揭示了安全教与学的理论与机理，给出科学实践安全教育培训的方式与方法，对安全教育与培训具有现实的指导意义。

安全教育具有四大目的：构建人的安全基础（安全知识、安全能力等）；提高人的安全素质（安全意识、安全态度、安全价值观等）；发展人的安全素养（安全精神、安全理想、安全需求等）；改造人的安全品位（安全人性、安全人品等）。

安全教育的八大目标：丰富安全知识、了解安全权益、提高安全技能、强化安全意识、转变安全态度、认识安全价值、认同安全理念、增强安全自觉。

安全教育的三大机理：

（1）基于大脑生理学的机理。

安全教育规律：安全意识—安全感知—安全认知—安全记忆—安全能力；

安全教育方法：“强记”、重复“刺激”，如讲课、参观、展览、讨论、示范、演练、实例等，使其“见多”“博闻”，增强感性认识，以求达到从“广识”到能力的发展和转变。

（2）基于管理心理学的机理。

安全教育规律：责任理解－价值兴趣－理解自愿。

安全教育方法：检验、监督、惩罚、追责等约束性措施；精神鼓励、物质奖励、承诺自律等激励性措施。

（3）基于体能行为学的机理。

安全教育规律：训练（经验）—技能—习惯。

安全教育方法：技能训练、操作示范、演习实践，使安全行为成为潜意识和自觉。

安全教育的九大功能：灌输安全知识、传递安全经验、掌握安全规范、培养安全技能、增强安全意识、转变安全态度、提高安全素质、塑造安全品德、锤炼安全精神。

安全教育的六大原则：教育对象的目性原则、理论与实践相结合原则、教与学互动原则、巩固性与反复性原则、系统性与全面性原则、科学性与合理性原则。

安全教育的十大关系：生产与生活；理论与实践；电教与人教；形式与目的；管理与技术；定性与定量；宏观与微观；横向与纵向；综合与具体；一般与特殊；系统与细节；传统与潮流。

2. 人的学习发展与素质提升规律

安全教育的机理遵循着管理心理学的一般规律：生产过程中的潜变、异常、危险、事故给人以刺激，由神经传输于大脑，大脑根据已有的安全意识对刺激做出判断，形成有目的、有方向的行动。所以，安全教育的基本出发点是：尽可能地给受教育者输入多种“刺激”，如讲课、参观、展览、讨论、示范、演练、实例等，使其“见多”“博闻”，增强感性认识，以求达到“广识”与“强记”。

安全学习遵循如图 6-6 的发展规律。

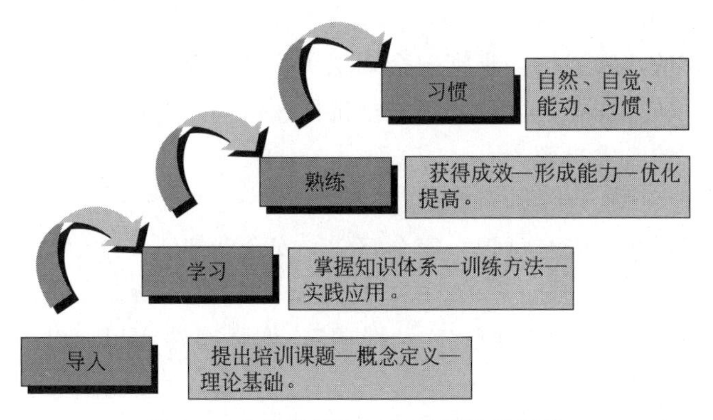

图 6-6　人的学习发展和素质提升规律

人的学习过程具有渐进性、重复性，这是人的生理与心理的特性决定的。人对学习过的知识会产生遗忘。遗忘就是记过的材料不能再认或回忆，或者表现为错误地再认或回忆。艾宾浩斯对遗忘现象进行了研究，并用一曲线来描述，称作艾宾浩斯遗忘曲线，见图 6-7。实际不同的人对不同的学习材料进行识记，会有不同的遗忘曲线。为了防止遗忘量越过安全管理的界限，就要定期或及时地进行安全教育，使记忆间断活化，从而保持人的安全素质和意识警觉性，如图 6-8 所示。

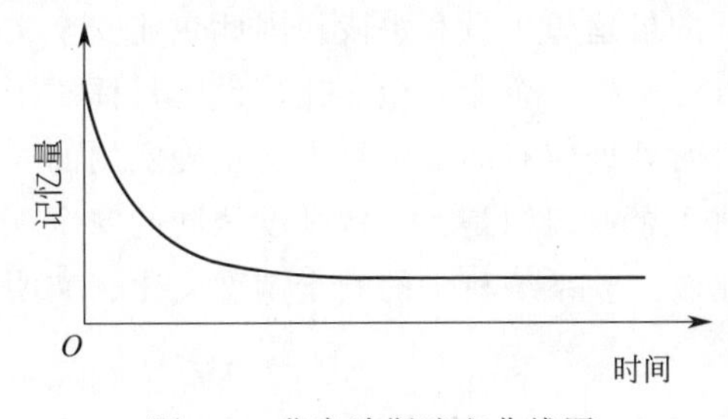

图 6-7　艾宾浩斯遗忘曲线图

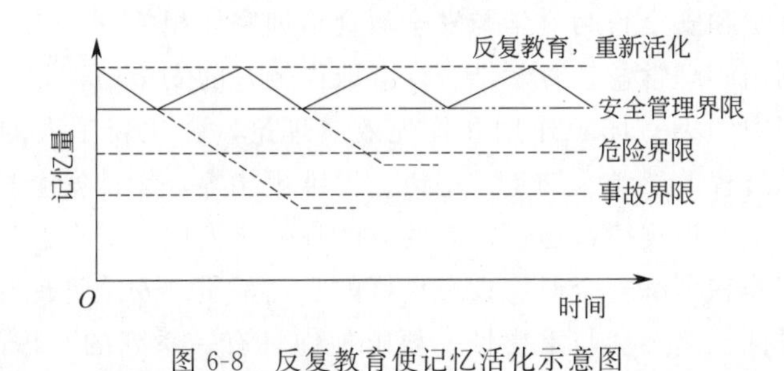

图 6-8　反复教育使记忆活化示意图

二、有效的安全教育与学习方法措施

1. 安全复训的必要性

由于人对安全知识和技能遗忘的客观存在，因此，安全复训是必要的。例如，对新员工的入厂教育，虽然认真进行了安全三级教育，并且考试合格，但假若之后不重复培训，那么按照遗忘规律，将会忘掉大部分的安全知识。这样就会在生产过程中对安全规定进行再认，或形成错误的再认与处理，最终必然产生失误行为，从而导致事故发生。

2. 从安全意识到安全习惯的艰巨过程

促使受教育者形成正确的安全意识需要经过多次、反复的安全教育“刺激”，使受教育者形成生产活动过程中对时空的安全感正确认知，使安全法规、制度、程序的执行形成一种自然而然的自觉，使受教育者做出有利于安全生产的判断与行动。判断是大脑对新输入的信息与原有意识进行比较、分析、取向的过程。

3. 从安全教育培训到安全文化建设

安全教育培训是打造安全人的初级手段，安全文化建设是培塑安全人的高级手段。“制度与管理让想犯错的人不敢，文化让有机会犯错的人不愿”。安全文化是实现教育目标的最理想工具和手段。因此企业安全文化建设要成为培养人、培塑人的重要方法举措。企业安全文化建设的目标对于个人是：发自内心的自我安全承诺、时时处处应有的安全意识、正确实用的安全知识、无须监督自觉的安全行为；对于企业组织是：一致高度认同的安全观念文化、普遍自觉践行的安全行为文化、完整系统科学的安全制度文化、文明无处不在的安全环境文化。

4. 应用心理学和行为科学指导安全教育培训

安全心理学和安全行为科学与安全教育培训密切相关。

第一，利用心理学与教育学结合，会取得较好的安全培训效果。例如利用人的认知技巧中的第一印象作用和优先效应理论，强化新工人的“三级”教育；应用意识过程的感觉、知觉、记忆、思维规律等，设计安全教育的内容和程序；利用安全意识规律，通过宣教的方法来强化人们的安全意识等。

第二，培养和训练安全监管人员良好的心理素质。安全管理和安全监察人员工作的多样性、复杂性与重要性，要求他们具有一系列的心理品质，不然，就不能顺利完成自己的工作职责。一般来说，一个安全监管人员的心理品质、思维能力都是在进行有关工作的实践中形成的。在工作实践中他们考虑多种多样的事物，遇到并解决多种多样的问题，逐渐地形成所从事职业的心理品质。

第三，培训提高员工的安全心理素质，从而提升预防事故、应对事故的能力。每一个员工懂得心理学的知识，可以提高员工对事故的思维高度和深度、分析问题及解决问题的独立性和批判性；善于根据个别事实和细节复现过去事件的模型；思维心理过程的状态应当保证揭示信息的系统性与完备性；保证找到为充分建立过去事件模型所必需的新信息的途径等。这些都要求具有行为科学的知识。

5. 丰富安全教育培训方法和技术

安全教育培训的方法和技术是多样的。

安全三结合教育法：正面教育与反面教育相结合；社会教育与企业教育相结合；超前教育与现场教育相结合。

安全教育培训方式多样化：灌输式讲授法；现场实景实习法；课堂启发式教学法；读书指导法；问题发现解析法；形象演示法；谈话信息沟通法；参观经验交流法；访问座谈交流法；实验和实习法；练习与复习法；辩论研讨法；

宣传娱乐法。

安全教育培训生动化：案例式安全教育、情景式安全教育、参与式安全教育、多媒体安全教育等。

第四节　安全行为的激励理论与方法

一、安全行为激励理论

安全行为激励理论是现代安全管理的重要理论基础，给出了对人的安全行为的科学激励与管理的模式与方法。

行为科学认为，激励就是激发人的动机，引发人的行为。人受激励是一种内部的心理状态，看不见，听不到，摸不着，只能从人的行为去加以判断。人的行为的动因是人的需要，因此对人的行为的激励，就是通过创造外部条件来满足人的需要的过程。激励是目的，创造外部条件是激励的手段。人的行为激励机理如图 6-9 所示。

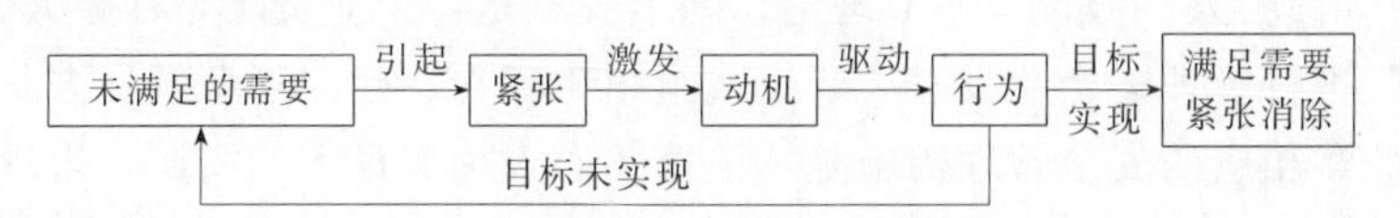

图 6-9　人的行为激励机理图

安全行为激励是打造本质安全型员工的重要方法。在我国长期的安全生产管理工作中，这种方法得到安全管理人员自觉或不自觉的应用，特别是随着安全心理学和安全行为科学的发展，这一方法及其作用得到了进一步的发展。根据安全行为激励的原理，可把激励的方法分为以下两种：

（1）外部激励。所谓外部激励就是通过外部力量来激发人的安全行为的积极性和主动性，常用的激励手段如设安全奖、改善劳动卫生条件、物质奖励、提高福利、提高待遇、安全与职务晋升或奖金挂钩、表扬、记功、开展“安全竞赛”等手段和活动，都是通过外部力量激励人的安全行为。严格、科学的安全监察、监督、检查也是一种外部激励的手段。

（2）内部激励。内部激励的方式很多，如更新安全知识、培训安全技能、强化安全观念和情感、智力潜能开发、解决思想问题、理想培养、建立安全远大目标等。内部激励是通过增强安全意识、素质、能力、信心和抱负等来发挥作用的。内部激励是以实现提高员工的安全生产和劳动保护自觉性为目标的激励方式。

外部的刺激和奖励与内部的鼓励和激励，都能激发人的安全行为，但内部激励更具有推动力和持久力。前者虽然可以激发人的安全行为，但在许多情况下不是建立在内心自愿的基础上，一旦物质刺激取消后，又会恢复到原来的安全行为水平上。而内部激励发挥作用后，可使人的安全行为建立在自觉、自愿的基础上，能对自己的安全行为进行自我指导、自我控制、自我实现，完全依靠自身的力量来控制行为。从安全管理的方法上讲，两种方法都是必要的。作为一个安全管理人员，应积极创造条件，形成人的内部激励的环境，在一定的特殊场合和特定的人员，也应有外部的鼓励和奖励，充分地调动每个领导和员工安全行动的自觉性和主动性。

二、安全行为激励的基本方法

1. X-Y 理论——人性假说理论

(1) “经济人”假说——X 理论。基本观点是：人具有懒惰、逃避工作、无雄心壮志、不愿担责、缺乏理智、不能自律等特点。因此，相应的安全管理措施是：采用强制的方式；加强安全监督；采取物质刺激、强化追责等。

(2) “社会人”假说——Y 理论。基本观点是：企业员工是社会人、“以人为中心”进行管理、企业具有“非正式组织”存在、建立新型领导方式的必要性。因此，相应的安全管理措施是：注意关心人、满足人的需要；重视员工人际关系；提高员工的认同感、归属感、整体感；激励员工对企业安全效益的自觉精神；培养员工的安全群体意识；实行“参与安全管理”；正视企业中“非正式组织”的存在。

还有所谓 X-Y 综合的“自我实现人”假说、“复杂人”假说等理论。

2. 双因素理论

美国心理学家赫茨伯格于 1959 年提出了“激励因素-保健因素”理论，简称双因素理论。该理论将人的行为动机因素分为保健因素和激励因素两大类。保健就是基本的、基础的措施；激励才是人性的、智慧的、现代的措施。因此，安全行为的激励需要双因素的措施方法。激励因素与保健因素见表 6-1。

表 6-1　激励因素与保健因素

保健因素	激励因素	保健因素	激励因素
环境条件	工作本身	工作环境	挑战性的工作
政策与管理	成就感	人际关系	负有较大的责任
监督	得到社会承认	金钱、地位、安全	人的成长与发展

3. 操作条件反射理论——强化理论

由美国哈佛大学斯金纳教授提出的操作条件反射理论，也称为强化理论、行为矫正理论。斯金纳说："操作条件反射的作用能塑造行为，正如一个雕刻师能塑造黏土一样。"总之，在他看来，人的行为是受外部环境刺激所调节，因而也受外部环境刺激所控制，改变刺激就能改变行为。

强化理论的基本观点是：人的行为激励需要建立强化机制，既有"正强化"，也有"负强化"，在实践中需要多用正强化。具体的方法是：要设立明确的安全目标愿景；应以正强化方式为主；注意强化的时效性；因人制宜采用不同的强化方式；充分利用信息反馈增强强化的效果等。

4. 挫折理论

在实际生活和工作中，挫折是一种客观存在。挫折理论研究分析得到两种挫折心理反应。一是积极建设性的反映：①升华——化消极为积极；②增加努力；③调整目标；④补偿——转换目标。二是消极或破坏性行为反映：折中、反向行为、合理化、推诿、退缩、逃避、幻想、回归、攻击、放弃等。

5. 期望理论

1964年，美国学者弗洛姆在其《工作与激发》一书中提出了期望理论，其基本观点是：人的积极性被激发的程度，取决于对目标价值估计的大小和判断实现此目标概率大小的乘积，用公式表示为

$$激励水平(M)= 目标效价(V)\times 期望概率(E)$$

式中，V 为个人对工作目标对自身重要性的估价；E 为个人对实现目标可能性大小的主观估计。

这一理论说明，应从提高目标的价值效果和增强实现目标的可能性两个方面去激励一个人的行为。应用这一理论应注意：人对目标价值的评价受个人知识、经验、态度、信仰、价值观等因素影响，而期望概率受条件、环境等因素制约。因此，提高人们对安全目标价值的认识，创造有利的条件和环境，增强实现安全生产的可能性，是安全管理和工作人员应尽的义务。

6. 公平理论

公平理论是由美国心理学家亚当斯（J. S. Adams）提出的一种激励理论。这种理论认为，人的工作动机不仅受到所得到的绝对收益的影响，而且受相对收益的影响。公平的理论衡量模型是：

$$Q_p/I_p=Q_o/I_o$$

式中，Q_p 为一个人对自己所获得报酬的感觉；I_p 为这个人对自己所投入

的感觉；Q_o 为这个人对某个作为比较对象的人所获得报酬的感觉；I_o 为这个人对那个作为比较对象的人所做投入的感觉。

该式简明地表达了影响个体公平感的各变量之间的关系，人们并非单纯地将自己的投入或获取与他人的进行比较，而是以双方的获取与投入的比值来进行比较。

当 $Q_p/I_p=Q_o/I_o$ 时，有公平感；当 $Q_p/I_p<Q_o/I_o$ 时，感到不公平，产生委屈感；当 $Q_p/I_p>Q_o/I_o$ 时，感到不公平，产生内疚感。

应用安全行为科学的激励理论设计安全生产管理体系及方法：

(1) 应用“双因素”理论指导建立安全生产的“双重管理体系”，一是基础性、强制性的安全生产监管体系，如安全责任制体系、安全检查监督体系、安全教育培训体系、安全法制追责体系、安全标准化体系、事故应急体系等；二是激励性、优化性的安全生产管控体系，如安全文化管控体系、风险管控体系、安全信息化体系等。

(2) 应用“强化理论”指导设计安全生产管理制度，“正强化”与“负强化”有机、合理地结合。即从“只罚不奖”到“多罚少奖”，再到“有罚有奖”，最终到“不罚只奖”的境界。

(3) 应用“公平理论”指导安全生产管理体系及事故追责体系的合理建立，如安全生产的横向保障体系（行业、企业、部门分类管理）与纵向保障体系（政府、企业分级管理）等。

(4) 应用阿尔德弗 ERG 理论和“需要层次论”设计和实施安全管理制度，如全员参与制度、隐患报告制度（从下至上报告制）、风险的“群防群治”制度、管理部门及岗位的“一岗双责任”制度等。

第五节　员工事故心理与安全心理测评

一、事故心理概述

人的心理包括极其广泛的内容：从感觉，知觉，记忆，想象到思维；从情绪，感情到意志；从兴趣，习惯，能力，气质到性格个性等。事故的心理因素是对影响和导致一个人行为而发生事故的心理状态和成分的总称。

导致事故的心理虽然不如人的全部心理那样广泛，但仍然有相当复杂的内容，而且其中各种因素之间又是相互联系、依存，相互矛盾、制约的。在研究人的导致事故心理过程中，发现影响和导致一个人发生事故行为的种种心理因素，不仅内容多，而且最主要的是各种因素之间存在着复杂而有机的联系。它们常常是有层次的，互相依存，互相制约，辨证地起作用。为了便于研究，人们把影响和导致一个人发生事故行为的种种心理因素假设为事故的心理结构。

事故心理结构，是由众多的导致事故发生的心理因素组成。我们在实际工作中，可以说，只有当一个人形成一定的引起事故的心理结构，而且具有可能引起事故的性格，并且碰到一定的引起事故的机遇时，才会发生、也必然发生引起事故的行为。由此，可得出最基本的逻辑模型：

引起事故的心理结构 ＋ 事故机遇 → 导致事故的行为发生 → 事故

根据这一事故模型我们不难看出：

（1）在研究引起事故发生的原因时，首先要考虑造成事故者的心理动态，分析事故心理结构及其对行为的影响和支配作用，从而可以弄清事故心理结构和事故行为的因果关系。从这个意义上说，我们可以通过研究造成事故者心理结构的内容要素和形成原因，探寻其心理结构形成过程的客观规律，便能寻找发生事故行为的人的心理原因。

（2）在研究事故的预测问题时，首先应着重研究造成事故的心理预测，实际上就是通过对造成事故心理的调查研究、统计、分析，在生产过程中进行预测。当某一个体的心理状况与造成事故的某些心理要素接近相似时，该个体发生事故行为的可能性便增大。因此，造成事故心理预测在很大程度上是根据造成事故心理结构的内容要素进行人的心理状况的预测。

综上所述，进行造成事故者的心理结构及其性格估量的分析讨论，有着理论和实践两方面的意义。

二、事故心理结构要素

在生产过程中发生工伤事故的因素很多，而造成事故者的心理状态常常是导致事故的主要的，甚至是直接的因素。造成事故的心理结构复杂多样，我们在事故心理结构设计时，不可能把所有的事故心理因素列出，为便于研究，现归纳为十大心理要素：

（1）侥幸心理。例如某一建筑工人，平时一直坚持戴安全帽上班。有一天有人找他，因为匆忙，忘了戴安全帽。他以为一会工夫，事故没有如此巧合，因此未戴安全帽，当他走到脚手架边，正巧一块砖头不偏不倚掉到他头上。

（2）麻痹心理。例如某厂操作卷扬机的女工，平时总用手拨大卷筒上卷乱了的钢丝，因为从未发生事故，所以她麻痹大意了，就在这样的动作中将手和身体卷了进去。

（3）偷懒心理。例如搅拌机附近平台上有些散落的砂子，本来用铁锹铲到搅拌机里便可解决问题。但有位工人却懒于多走几步去取铁锹，而是抬起脚往搅拌机里抹，结果他未站稳，右脚便陷入搅拌机里。

（4）逞能心理。例如某厂工人在工休之余同其他工人打赌说："谁在五米高的平台边走一圈，我请客。"有位工人为表示自己的"勇敢"，随即登上平台，没走几步，身体失去平衡而从高空坠落。

（5）莽撞心理。例如面前有条基坑，本可多走几步绕过去，但某人却过高估计自己的能力，认为可以跨过去，结果却落入毛石坑中，造成腰伤头破。

（6）心急心理。例如有些工作需要当天完成，但想到下班以后要去接孩子，为了不延误下班时间，心急求快的念头便产生了，于是安全规程抛置脑后，必需的工序省掉了，往往欲速则不达。

（7）烦躁心理。例如上班前刚同妻子吵了架，心中委屈、不平、气愤，于是心情非常烦躁。在这种情况下，就容易发生榔头打到手上，木头绊到脚上，甚至可能酿成不幸的事故。

（8）粗心心理。例如一位卷扬机司机，下班后扬长而去，可卷扬机未切断电源，按钮开关掉在地上未拾起。半夜下起雨来，开关进水而形成通路，促使卷扬机开动起来，结果拉倒了井架，绞坏了卷扬机。

（9）自满心理。例如工作多年的工人，自以为技术过硬而自满，对有关规程抱无所谓的态度。因此，有位电工拆除电线时因不切断电源而被电倒在地。还有的焊工汽油桶不清洗就补焊，造成爆炸。

（10）好奇心理。例如不少青年工人对其他工种的设备存在好奇。有位青年工人出于好奇，无证驾驶机动翻斗车，结果撞坏了车，压伤了人。

三、可能造成事故的心理因素及估量

当某种造成事故的心理结构的若干因素，在一个人的个性中占重要地位，甚至成为一定的支配力量时，这个人就有较大可能造成事故的心理因素。显而易见，较容易形成事故心理结构和可能造成事故性格的人，也就比较容易造成事故。因此，对可能造成事故的性格不仅做定性的分析而且做定量的估量已属必要。

根据造成事故心理结构诸成分的分析，我们试以一个比较简单的公式粗略表示造成事故心理结构中诸成分之间的相互关系，借以给予可能造成事故性格一个量的指标，这个量的指标叫作可能造成事故心理指数，用字母 Z 来表示。那么，可能造成事故心理指数 Z 与造成事故心理结构中诸成分之间的关系可表示为：

$$Z=\frac{A+B+C+D+E+F+G+H+I+J}{L+M}$$

式中，L 表示事业感和工作责任心；M 表示遵守安全规程，有安全技术和知识，有自制力；A、B、C、D、E、F、G、H、I、J 分别表示前述造成事故心理结构中的各项成分。由此不难看出：

(1) 造成事故的行为发生的可能性与 A、B、C、D、E、F、G、H、I、J 诸项的代数和成正比，而与 L 与 M 的代数和成反比。

(2) 可能造成事故心理指数 Z 的值越大，发生事故行为的主观可能性（或危险性）也就越大。

为了便于估量和比较，初步拟定粗略的评分标准：$A \sim J$，各 10 分，L 和 M 各 50 分，在各项均取得标准分值的情况下，可能造成事故心理指数 Z 亦得到一个标准值 1，其计算过程：

$$Z=\frac{10+10+10+10+10+10+10+10+10+10}{50+50}=1$$

讨论：

(1) 当 A、B、C、D、E、F、G、H、I、J 各项均取得标准评分值，而 L 和 M 的代数和小于标准评分值时，可能造成事故心理指数 Z 的值必大于标准值 1。

(2) 当 L 和 M 均取得标准评分值，而 A、B、C、D、E、F、G、H、I、J 各项的代数和大于标准评分值时，可能造成事故心理指数 Z 的值亦必定大于标准值 1。

(3) 当 A、B、C、D、E、F、G、H、I、J 各项代数和大于标准评分值，而 L、M 两项的代数和又低于标准评分值时，则可能造成事故心理指数 Z 的值大于标准值 1。各项成分的评分细则可参考下列标准：

L 共分五个等级：

50：具有强烈的事业心和工作责任心；

40：具有良好的事业心和工作责任心；

30：在事业心和工作责任心方面较淡薄；

20：事业心和工作责任心方面存在缺陷；

10：无事业心，工作责任心差。

M 共分五个等级：

50：在任何情况下，严格遵守安全规程，自制力强，能抵御各种心理干扰；

40：能遵守安全规程，在一般情况下自制力强，能克服心理干扰；

30：能遵守安全规程，自制力不强，在特定的情况下，不能排除干扰；

20：一般不能遵守安全规程，自制力不强，经不住较强的造成事故欲望的诱惑；

10：不注意遵守安全规程，自制力很差，兴奋性高，极易冲动，容易自我放纵，很少顾忌后果。

A 分三个等级：

20：自作聪明，侥幸心理占上风，不可以避免事故；

15：侥幸心理占主导地位，不畏危险；

10：有一定的侥幸心理。

B 分三个等级：

20：极为麻痹大意，不顾前车之鉴；

15：麻痹大意，不顾后果；

10：因几次未出事故，渐渐产生麻痹思想。

C 分三个等级：

20：自私自利，贪图方便；

15：工作马虎，缺乏责任心；

10：图一时省力。

D 分三个等级：

20：好逞强，视生命为儿戏，没有自我保护意识；

15：好胜心强，缺乏必要的安全知识；

10：工作经验不足，自认没有问题。

E 分三个等级：

20：莽撞行事，一味蛮干；

15：粗鲁马虎，不考虑后果；

10：高估自己的力量。

F 分三个等级：

20：急于求成，根本不顾安全规章制度；

15：因小失大，忽视安全规章制度；

10：心放两头，工作不安心。

G 分三个等级：

20：受到挫折，失意反常；

15：心烦意乱，有一定的心理压力；

10：心境不好，影响情绪。

H 分三个等级：

20：根本没有工作责任心；

15：缺乏工作责任心，粗枝大叶；

10：工作不仔细。

I 分三个等级：

20：以老经验自居，不服从安全规章制度；

15：自以为是，无视安全规章制度；

10：凭经验行事，自以为不会出差错。

J 分三个等级：

20：好奇心占上风，不顾危险；

15：为满足好奇心，不注意安全；

10：好奇心理，以为摸摸碰碰没有问题。

按上述细则可能造成事故心理指数 Z 有最大和最小值，最大值 $Z=10$，最小值 $Z=1$，即 Z 值的范围是 1～10。Z 值范围内可分为三个区间：第一区间为 Z 值在 3 以上，极容易发生事故；第二区间为 Z 值在 1～2 之间，有发生事故可能；第三区间为 Z 值在 0.5 以下，不容易发生事故。

如果能够进行每个区间人数的统计会有一定的实践意义。例如从预防角度讲，对第一、二区间的人，有必要加强对其宣传教育，以达防患于未然之目的。

当然，在生产过程中由人的因素引起工伤事故的原因是多方面的。诸如政治、经济、身体状况、家庭环境、技术水平、精神状态及自我保护意识等，而且它比物的不安全因素更不稳定且不易把握其规律性，还有一定的偶然性，所以较难预测和控制。

四、员工安全心理测试

员工安全心理因素包括精神状态、安全感、意志力、乐观程度、性格类型、心理承受力等。测试的方法见附录 1～附录 6。

第六节　员工不安全行为控制

一、人的不安全行为机理

1. 基本概念

不安全行为控制原理是基于人的不安全行为演变机理或规律，提出避免、减弱或管控人的不安全行为（动作），从而避免人为因素事故的基本理论或原理。

人的不安全行为表现包括两方面：①作为事故直接原因之一的事故引发者引发事故瞬间的具体动作，称为一次性行为；②作为事故间接原因，即产生事故的直接原因的习惯性行为，可以是安全知识、安全意识和安全习惯三项中的一项或几项。

控制人的不安全行为首先是自我控制，即事故引发人的自觉控制；其次是外界（其他人）对事故引发人行为的控制，如企业或组织通过安全监管、安全检查等方式对员工的行为管控。控制方法大概分为监管、提示、知识控制、意识训练、习惯养成等。

2. 不安全行为演变机理

要正确、精准对人的不安全行为进行有效的控制，需要了解和掌握人不安全行为引发事故的基本机理。如图 6-10 所示，人的不安全行为演变机理主要经历四个重要阶段或基本环节：危险感知→危险识别→避险决策→避险能力。每个环节的失误都可能导致不安全行为。因此，避免人为失误需要针对导致失误或差错的四个环节有针对地进行。

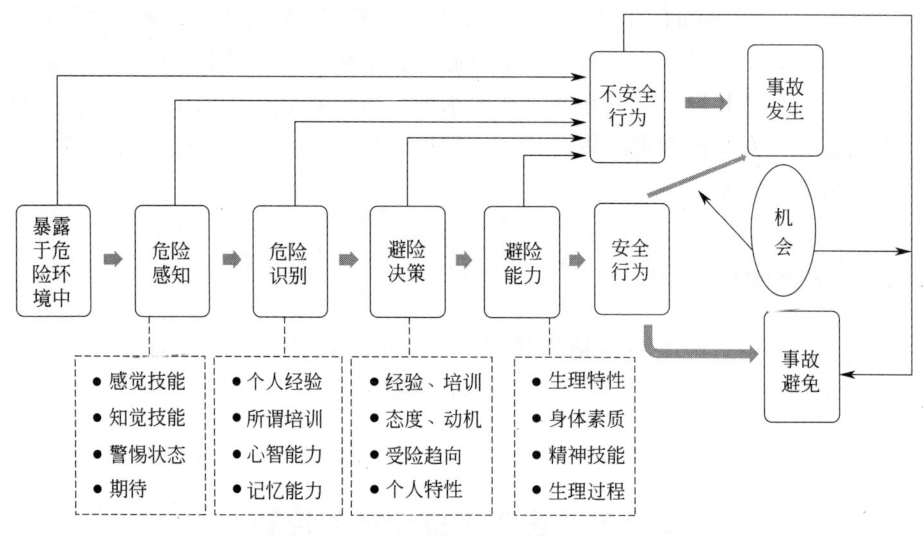

图 6-10 不安全行为演变机理示意图

危险感知要解决的问题是：感觉技能、知觉技能、警惕状态、期待。

危险识别要解决的问题是：个人经验、所谓培训、心智能力、记忆能力。

避险决策要解决的问题是：经验、培训、态度、动机、受险趋向、个人特性。

避险能力要解决的问题是：生理特性、身体素质、精神技能、生理过程。

二、现场员工不安全行为管控方法论

一般认为，一线员工在现场操作，所以不安全行为就是一线员工自身的问题。通过不安全行为机理的研究分析，可看出：不安全行为产生原因与安全知识不足、安全意识欠佳、安全习惯欠缺、管理监督不到位、规章制度不健全等因素有关。所以事故的发生与企业或组织的制度、管理、教育、培训等深层原因有关，因此，避免和减少不安全行为也要从引发事故的间接原因入手。

基于上述认识分析，现场员工不安全行为的控制方法大致可分为间接综合管控的方法和直接现场管控的方法。

1. 间接综合管控的方法

间接综合管控的方法有：完善制度、加强监管、强化培训；反“三违”活动、事故责任追究、安全行为抽样技术、安全行为监察、外部安全监督检查、员工安全自查互查制度、危险预知活动、员工事故心理测评、员工生物节律管控、事故判定技术、岗位安全标准化、作业安全标准化、安全操作流程化、安全人机匹配管理等。

2. 直接现场管控的方法

直接现场管控的方法有：现场行为定置管理、同伴提醒、安全标志、行为警示、现场安全色、现场可视化管理、“四不伤害”活动、动态违章管理、“三无”目标管理、班组安全自查、班组安全互查、“四、三、二、一”安全检查法、“六有六无”安全管理、“四个过硬”安全管理、负责人“蹲点”制度、班组安全互保制度、安全包保制度、日常安全检查制度、班中巡回检查制度、操作确认挂牌制度、安全档案管理制度、员工“三违”档案制度等。

第七节　本质安全的目标体系

区别于传统的、以事故指标为标准的安全生产管理目标，本质安全型企业

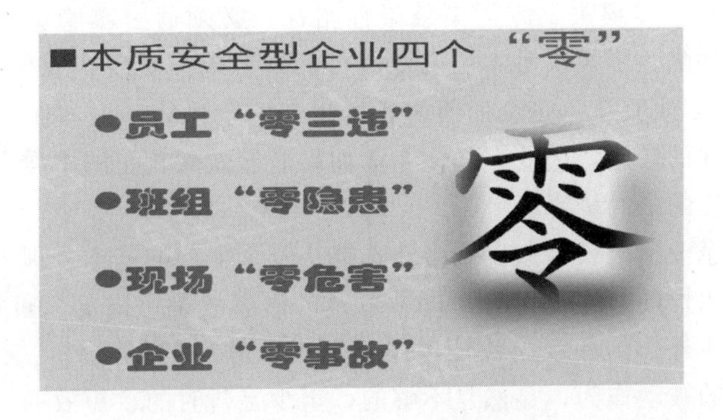

的目标体系与本质安全型员工的标准具有更为科学和现代的特点。

一、企业安全生产“八零”目标

企业现场安全管理和员工在生产作业过程中要做到如下“八零”目标：

（1）行为——“零违章”；

（2）操作——“零差错”；

（3）设计——“零缺陷”；

（4）设备——“零故障”；

（5）环境——“零危害”；

（6）管理——“零盲区”；

（7）制度——“零缺项”；

（8）监督——“零宽容”。

企业安全生产“八零”目标是建立本质安全型企业的导向。建立在“人本”“物本”“环本”“管本”和谐统一基础上的本质安全型企业能够有效提升安全生产保障水平，促进企业安全发展战略目标的顺利实现。因此，构建科学合理的本质安全型企业是企业安全生产长效的治本策略，也是当今现代企业安全生产工作创新、提升、优化的新思路、新模式、新对策。以系统安全思想和安全系统理论指导下的本质安全型企业的创建，其价值在于：

（1）是一项可持续的治本之策。国际工业安全和国内安全生产的发展潮流指出，实现系统安全必须坚持“标本兼治、重在治本”的方针和策略。依赖于审核、验收的形式安全，只管一时；根据检查、评价的表面安全，只管一事；通过查处、追责的结果安全，只管一阵。通过科学、系统、源头、根本、长远的本质安全建设才能使企业安全生产可持续。

（2）是企业安全生产的至高境界。企业的成败在安全，发展的基础在安全，没有安全，生产、效益、利润一切无从谈起。企业要实现生产过程中的零事故、零伤亡、零损失、零污染结果性指标，必须通过零隐患、零“三违”、零故障、零缺陷、零风险等本质安全性目标来实现。实现企业生产“全要素”“全过程”的本质安全，是全面预防各类生产安全事故，根本保障安全生产科学性、有效性的措施，因此，任何企业如果能够做到真正的本质安全，是企业安全生产工作的最高境界。

（3）是企业追求长治久安的必然选择。安全生产的基本公理告诫我们：危险是客观、永恒的，安全是相对的、可及的，事故是可防的、可控的。因此，仅仅立足企业外部的评级、认证，以及发生事故后的发文件、突击式、运动式、临时性的被动作为，显然是不够的，至少是暂时的、短效的。企业只有朝着本质安全的目标和方向去谋划、去努力，通过长期不懈、持续追求科学的本质安全体系建设，安全生产的根本形势好转和长治久安的局面才有可能实现，也一定能够实现。

（4）是实现“安全发展”和“生命至上”科学路径。社会、企业的安全发展需要本质安全的强力支撑；“生命至上”的追求需要本质安全。本质安全重视内涵发展，追求安全的科学性、事故防范对策的系统性、安全方法的精准有效性，因而，与科学发展一脉相承。本质安全突出安全本质要素，除了技术因素、环境因素，更重视人的因素，因此，充分体现“生命至上”“以人为本”。

二、本质安全型员工要求做到“零三违”

“三违”即违章指挥、违章作业、违反劳动纪律的简称，是安全生产中易于造成事故的不良行为。在生产中，往往由于“三违”造成事故，导致个人伤残而痛苦终生，乃至家庭破碎、付出生命的代价，给企业造成巨大经济损失的同时给国家社会带来负面影响。

在生产实践活动中，人既是促进生产发展的决定因素，又是生产中安全与事故的决定因素。人一方面是事故要素，另一方面是安全因素。人的安全行为能保证安全生产，人的异常行为会导致与构成生产事故。因此，要想有效预防、控制事故的发生，必须做好人的预防性安全管理，强化和提高人的安全行为，改变和抑制人的异常行为，使之达到安全生产的客观要求，以此超前预防、控制事故的发生。

工业发达国家和我国安全生产实践的研究均已证明：人的不安全行为是最主要的事故原因。现代安全原理也揭示出：人、机、环境、管理是事故系统的四大要素；人、物、能量、信息是安全系统的四大因素。无论是理论分析还是实践研究结果，都强调“人”这一要素在安全生产和事故预防中的重要性。

人的不安全行为是指能引发事故的人的行为差错。在人机系统中，人的操作或行为超越或违反系统所允许的范围时就会发生人的行为差错。这种行为可能是有意识的，也可能是无意识的，表现的形式多种多样。虽然有意的不安全行为是一种由人的思想占主导地位、明知故犯的行为，但依然存在主观和客观两方面的原因。从主观上讲，操作者的心理因素占据了重要位置。侥幸心理，急功近利心理，急于完成任务而冒险的心理，都容易忽略安全的重要性，仅仅是为了达到某种不适当的需求，如图省力、赶时间、走捷径等。抱着这些心理的人为了获得小的利益而甘愿冒着受到伤害的风险，是由于对危险发生的可能性估计不当，心存侥幸，在避免风险和获得利益之间做出了错误的选择。非理性从众心理，明知违章但因为看到其他人违章没有造成事故或没有受罚而放纵自己的行为。过于自负、逞强，认为自己可以依靠较高的个人能力避免风险。在客观上说，管理的松懈和规章制度的操作性差给人的不安全行为的发生创造了条件。

据不完全统计，由于“三违”引起的事故占事故发生总数的90%以上。实现本质安全、杜绝“三违”行为，不仅需要提高全体员工的安全生产意识，更需要全体员工的共同努力才能实现。坚决抵制“三违”行为，严格遵章守纪，才能真正实现本质安全，实现“零伤害”“零事故”，实现企业的长治久安。

三、本质安全型企业要求班组做到“零隐患”

班组是企业最基本的组织单元，是安全生产的“细胞”，只有细胞健康，机体才能健康。因此说，搞好安全生产，关键在班组；消除安全隐患，关键在班组。

事故隐患具有隐蔽性。隐患是潜藏的祸患，它具有隐蔽、藏匿、潜伏的特点，是不可明见的灾祸，是埋藏在生产过程中的隐形炸弹。它在一定的时间、一定的范围、一定的条件下，显现出好似静止、不变的状态，往往使人一时看不清楚、意识不到，感觉不出它的存在。正由于“祸患常积于疏忽”，隐患逐步形成、发展成事故。在企业生产过程中，常常遇到认为不该发生事故的区域、地点、设备、工具，却发生了事故。这都与当事者不能正确认识隐患的隐蔽、藏匿、潜伏特点有关。事故告诫我们：隐患不及时认识和发现，迟早要演变成事故。

事故隐患具有危险性。在安全工作中，小小的隐患往往引发巨大的灾害，无数血与泪的教训都反复证明了这一点。1987年5月6日大兴安岭特大森林火灾，就因为一个烟头烧了一个月，死亡193人，经济损失数亿元；1994年12月8日克拉玛依友谊宾馆，就因为舞台纱幕后灯柱温度过高，引发火灾，无情地吞噬325人的生命，其中有287人是8～14岁的儿童；1995年9月24日首钢炼铁厂，由于粗心大意、擅离岗位，几分钟内酿成6号过滤池检修人员2死6伤的悲剧……以上事实说明，在安全上哪怕一个烟头、一盏灯、一颗螺钉、一个小小的疏忽，都有可能发生危险。

事故隐患具有突发性。任何事都存在量变到质变，渐变到突变的过程，隐患也不例外。集小变而为大变，集小患而为大患是一条基本规律，所谓“小的闹、大的到”，就是这个道理。如在化工企业生产中，常常要与易燃易爆物质打交道，有些原辅材料本身的燃点、闪点很低，爆炸极限范围很宽，稍不留意，随时都有可能造成事故的突然发生。

事故隐患具有因果性。某些事故的突然发生是有先兆的，正如“燕子低飞鸡晚归，蚂蚁搬家蛇过道”是雷雨到达的先兆一样，隐患是事故发生的先兆，而事故则是隐患存在和发展的必然结果。俗话说：有因必有果，有果必有因。在企业组织生产的过程中，每个人的言行都会对企业安全管理工作产生不同的效果，特别是企业领导对待事故隐患所持的态度不同，往往会导致安全生产的结果截然不同，所谓“严是爱，宽是害，不管不问遭祸害”，就是这种因果关系的体现。

事故隐患具有连续性。实践中，常常遇到一种隐患掩盖另一种隐患，一种隐患与其他隐患相联系而存在的现象。例如：在产成品运转站，如果装卸搬运机械设备、工具发生故障，就会引起产品堆放超高、安全通道堵塞、作业场地变小，并造成调整难、堆放难、起吊难、转运难等方面的隐患，这种连带的、持续的、发生在生产过程的隐患，对安全生产的威胁很大，搞不好就会导致“拔出萝卜带出泥，牵动荷花带动藕”的现象发生，而使企业出现祸不单行的局面。

事故隐患具有重复性。事故隐患治理过一次或若干次后，并不等于隐患从此销声匿迹，永不发生了，也不会因为发生一两次事故，就不再重复发生类似隐患和重演历史的悲剧。只要企业的生产方式、生产条件、生产工具、生产环境等因素未改变，同一隐患就会重复发生，甚至在同一区域、同一地点发生与历史惊人相似的隐患、事故，这种重复性也是事故隐患的重要特征之一。

事故隐患具有意外性。这里所指的意外性不是天灾人祸，而是指未超出现有安全、卫生标准的要求和规定以外的事故隐患。这些隐患潜伏于-人机系统中，有些隐患超出人们认识范围，或在短期内很难被劳动者辨认，但由于它具有很大的巧合性，因而容易导致一些意想不到的事故发生。例如：飞轮外侧装防护罩、内侧未装而造成人身伤亡事故；2m 以上高度会造成坠落伤亡事故，1.5m 高度有时同样会造成坠落死亡；36V 是安全电压，然而夏季在劳动作业者有汗的情况下，照样会发生触电伤亡事故；在作业现场易发生伤亡事故，而在员工更衣室内也可能被更衣橱柜压死……这些隐患引发的事故，带有很大的偶然性、意外性，往往是我们在日常安全管理中始料不及的。

事故隐患具有时效性。尽管隐患具有偶然性、意外性的一面，但如果从发现到消除的过程中，讲求时效，是可以避免隐患演变成事故的；反之，时至而疑，知患而处，不能有效地把握隐患治理在初期，必然会导致严重后果。鞍山市消防部门对鞍山商场进行 4 次检查，提出 6 条隐患整改意见，隐患却一直未按期整改，并在 1996 年 3 月造成火灾事故，使 35 个活生生的生命被烈火吞噬。沈阳一家机器厂的主厂房被定为危房，整改措施被一拖再拖，结果一面墙突然倒塌，7名工人被夺去宝贵的生命，损失达百万元之多。从发现隐患到事故发生的时间，就是隐患的时效期，它随着事故的发生而结束。然而，这两起事故留给人们的教训是极其深刻的，它告诫人们，对隐患治理不讲时效，拖得越久，代价越大。

事故隐患具有特殊性。由于人、机、料、法、环的本质安全水平不同，其隐患属性、特征是不尽相同的。在不同的行业、企业、岗位，其表现形式和变化过程，更是千差万别。即使同一种隐患，在使用相同的设备、工具从事相同性质的作业时，其隐患存在也会有差异。例如，某厂在用的18台行车，所使用的钢丝绳、吊具规格、质量等方面要求基本相同，周期性出现断毛等隐患是其共性，但由于各台行车的使用频率、作业环境、作业内容，包括操作者的技术素质程度不同，其使用周期，断毛磨损的部位、程度是不同的，其中4、9出钢主车由于其钢丝绳有一段被固定在中间定滑轮组的位置上，它的一个端面始终与高温接触，并处于受力点，极易引起脆断。如果在实践中不认识这种隐患存在的特殊性，未及时采取定期抽出检查、适时移动受力位置等措施，而运用与其他钢丝绳相同的监控管理办法，就很难发现成股脆断，由此所造成的后果必然是非常严重的。

事故隐患具有季节性。某些隐患带有明显的季节性特点，它随着季节的变化而变化。一年四季中，夏天由于天气炎热、气温高、雷雨多、食物易腐烂变质等情况的出现，必然会带来人员中暑、食物中毒、洪涝、雷击，使用、维修电器的人员又会因为汗水过多而产生触电等事故隐患；冬季又会由于天寒地冻、风干物燥，而极易产生火灾、冻伤、煤气中毒等事故隐患……充分认识各个季节特点，适时地、有针对性地做好季节性隐患防治工作，对于企业的安全生产也是十分重要的。

班组是安全生产的关键。生产班组是安全生产的前沿阵地，班组长和班组成员是阵地上的组织员和战斗员。通过对生产企业所发生的大量事故资料统计分析发现，98%发生在生产班组，其中80%以上的原因直接与班组人员有关。由此，可以说班组是企业事故发生的根源，这种根源是通过班组员工的安全素质、岗位安全作业程序和现场的安全状态表现出来的。为此，在企业安全生产保障系统的各个要素和环节中，重心必须放在班组，功夫要下在现场，措施要落实在岗位和具体操作员工的每一个作业细节上。将企业安全文化建设的载体深入到班组，将现代安全观念文化的理念渗透到员工，将良好安全行为文化的惯式落实到岗位，将先进的安全物态文化体现于现场，这是企业班组安全生产工作的基本要求和目标，也是企业安全文化建设追求的“普遍、高度认同；广泛、自觉践行”的理想境界。通过班组现场管理、班组建设，达到班组“零隐患”，夯实安全生产的基础，从而遏制事故发生的源头，这是企业安全生产的根本保障。

四、本质安全型企业做到现场“零危害”

作业现场是企业本质安全化管理的基础，实现本质安全，要从企业系统全面的生产过程、生产条件来衡量安全。因此，生产作业现场的环境因素是必要和不可或缺的。

基于系统本质安全的概念，环境是指生产、生活实践活动中占有的空间及其范围内的一切物质状态。环境包括空间环境、时间环境、物理化学环境、自然环境和作业现场环境等。环境可从不同的角度进行分类：

第一，环境分为固定环境和流动环境。固定环境是指生产实践活动所占有的固定空间及其范围内的一切物质状态；流动环境是指流动性的生产活动所占有的变动空间及其范围内的一切物质状态。

第二，环境分为自然环境和人工环境。自然环境包括气象、自然光、气温、气压等；人工环境包括工作现场、岗位、设备、物流等。

第三，环境还可划分为物理环境和化学环境。物理环境就是气温、气压、湿度、光环境、声环境、辐射、负离子等；化学环境包括氧气、粉尘、有害气体等。

环境本质安全是指企业生产、作业区域内的环境条件具备较高的安全稳定性和可靠性，一是不对生产系统产生不利安全的外在因素影响，二是使生产系统具有自愈的适应环境因素变化的能力，同时系统产生不安全状态时，环境条件因素仍有保障不产生危害和引发事故的特性，即实现现场“零危害”。

实现环境的本质安全，首先要符合各种相关的安全法律法规、规章制度和标准。环境本质安全化需要从如下角度考虑：

（1）空间环境的本质安全。应保证企业的生产空间、平面布置和各种安全卫生设施、道路等都符合国家有关法律法规和标准。

（2）时间环境的本质安全。必须做到按照设备使用说明和设备定期评价报告，来决定设备的修理和更新。同时必须遵守劳动法，使人员在体力能承受的法定工作时间内从事工作。

（3）物理化学环境本质安全。以国家标准作为依据，对采光、通风、温湿度、噪声、粉尘及有毒有害物质采取有效措施，加以控制，以保护劳动者的健康和安全。

（4）自然环境本质安全。提高装置的抗灾防灾能力，搞好事故和灾害的应急预防对策的组织落实。

在社会和谐发展过程中，企业作业现场的本质安全建设一直以来都是重点所在，与此同时，还是保障整个社会安定发展的必然性要求。实现生产作业现场“零危害”，有利于加强安全文明的标准化建设，有利于增强企业工作人员的安全标准化意识，有利于提升现场的安全管理水平，有利于建立优良的作业安全整体形象，有利于进一步增强企业的市场竞争力。

五、本质安全型企业追求“零事故”

有“三违”不一定有事故，有隐患不一定有事故，有危害不一定有事故，要做到员工“零三违”、班组“零隐患”、现场“零危害”，才能实现企业“零事故”。这里的“零”才是成功的体现。

“零事故”的强大抓手就是不断发现风险、化解风险。“零”不仅是指死亡事故、休工事故为零，而且要求发现和掌握所有工作现场与作业中潜藏的危险、问题，以及全体员工日常生活中潜藏的风险，然后采取合适的措施化解这些风险，或把风险程度降低到目前可接受的程度（这种程度我们也可以理解为零）。通过这样的方式实现安全事故、职业病等在内为零的目标。安全生产的“管理本质安全化”就是通过推行预防型安全生产管理机制、管理战略、管理模式、管理体系来提高安全生产的本质安全化水平，实现安全生产“零事故”目标。

企业要把“零事故”当作一种目标理念，使“零事故”的思想入脑、入心、入行。不论哪一个企业，不论何时何地，不论何种情况下，都不能以牺牲安全为代价，要永远把安全工作放到第一位，把人民的生命放到第一位，把安全责任放到第一位。

企业中的每一成员，都必须遵纪守法，按章办事，守住责任，守住红线，确保“零事故”运行，真正实现企业安全健康发展。

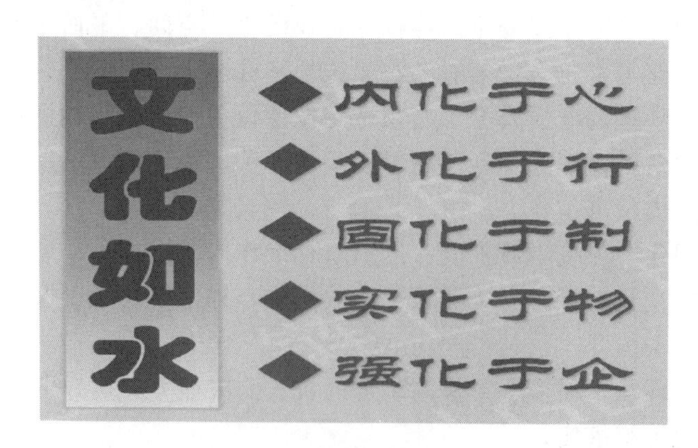

附录

员工安全心理测试量表

附录1 精神状态测试

测试量表

性别： 年龄： 工龄： 岗位： 学历：

1. 在做事条理性方面，你更接近：

   A. 每晚准备好明天上班要带的东西。

   B. 家庭摆设井井有条，随手可取。

   C. 每天晚上要花许多时间找东西。

2. 工作的态度更接近：

   A. 凡是能做的，耐心做，绝不拖拉。

   B. 遇到困难，不勉强自己，有时重做。

   C. 得过且过，“明天再做”。

3. 工作或生产中当遇到使自己失望的事时，你的反应如何？

   A. 能控制住感情，冷静思考后行动。

   B. 开始有些激动，最终能够控制自己。

   C. 有时麻木不仁，有时惊慌失措。

4. 与单位同事相处时，自我感觉如何？

   A. 能互相尊重，和睦相处。

   B. 与家人还可以，与其他人无所谓好坏。

   C. 对周围人疑虑重重。

5. 假日或业余时间，是怎样度过的？

   A. 事先已有充分安排。

B. 根据当时的心情，即兴做出决定。

C. 用于休息，很少外出。

6. 近一段时期你的睡眠情况如何？

A. 睡眠充裕，醒后很舒服。

B. 睡得不深，易醒。

C. 有失眠症，且常做噩梦。

7. 对待本职工作，有何看法？

A. 觉得很有意义，工作愉快。

B. 习以为常，没什么看法。

C. 把工作看成负担，没有兴趣。

8. 工作中遇到困难或挫折时你的反应如何？

A. 能控制住情绪，冷静思考后行动。

B. 开始有些激动，最终能够控制自己。

C. 有时反应不过来，有时惊慌失措。

9. 对自己的记忆力，有何评价？

A. 和以往一样，没什么异常。

B. 最近发生的事也难以记起。

C. 过去发生的事已想不起来了。

10. 在工作的时候，你是否会想起工作以外的一些事情？

A. 不会，工作的时候很专心。

B. 是的，偶尔会想。

C. 是的，经常会想。

注：各题目答案中选 A 得 1 分，选 B 得 2 分，选 C 得 3 分。所有题目得分总和即为精神状况测试分数。10～16 分为精神状况较佳；17～23 分为精神状况一般；24～30 分为精神状况欠佳。

附录 2　自信安全感测试

测试量表

性别：　　　年龄：　　　工龄：　　　岗位：　　　学历：

你有安全感吗？你谦虚吗？你对自己有信心吗？你骄傲吗？

阅读以下题目，回答“是”或“否”，然后按照统计得分结果查看测试结果。

1. 一旦对工作和生产中的事故下了决心，即使没有人赞同，你仍然会坚持做到底吗？

2. 参加重要活动（如会议、宴会）时，即使很想上洗手间，你也会忍着直到结束吗？

3. 如果发现同事有违章行为，你会报告领导吗？

4. 你常常对自己的工作成果满意吗？

5. 领导或同事对你的工作不满意，你会觉得自责难过吗？

6. 工作配合中，你很少对同事说出你的想法和意见吗？

7. 领导对同事的赞美，你经常持怀疑的态度吗？

8. 在工作和生产中，你总是觉得自己比别人差吗？

9. 你对自己的工作能力满意吗？

10. 你认为自己的能力比别人强吗？

11. 你对自己的外表形象满意吗？

12. 工作中，只有你一个人犯了差错，你会感到自责吗？

13. 在公司里，你是个受领导和同事们欢迎的人吗？

14. 你认为自己很有魅力吗？

15. 目前从事的工作是你的专长吗？

16. 生产作业过程中，发生危急情况时，你能冷静处理吗？

17. 在工作中，你与同事合作关系良好吗？

18. 你经常希望自己长得像某某人吗？

19. 你经常羡慕同事的工作成就吗？

20. 你为了不使他人难过，而放弃自己喜欢做的事吗？

21. 安全检查人员到现场时，你会比平常做得更好吗？

22. 你勉强自己做许多不愿意做的事吗？

23. 工作中，你常常是由同事来决定工作的方式吗？

24. 你认为你的优点比缺点多吗？

25. 你经常跟人说抱歉吗？即使在不是你错的情况下。

26. 如果在非故意的情况下伤了别人的心，你会难过吗？

27. 你希望自己具备更多的才能和天赋吗？

28. 你经常听取别人的意见吗？

29. 在单位，你经常等别人先跟你打招呼吗？

30. 你认为你的个性很强吗？

31. 你是个优秀的员工吗？

32. 你的记性很好吗？

33. 你对异性有吸引力吗？

34. 你懂得理财吗？

35. 接到一项新的工作任务时，你通常先听取领导或别人的意见吗？

36. 你认为你对现在岗位的工作能胜任吗？

37. 你能够保证作业过程不会因你而引发事故吗？

38. 你对自己每一项作业的安全保障心里有数吗？

注：各题目答案中选“是”得1分，选“否”不得分。所有题目得分总和即为自信安全感测试分数。10分及以下为缺乏自信，安全感不足；11～24分为中度自信，安全感中等；25～30分为高度自信，安全感强。

附录3 意志力测试

测试量表

性别： 年龄： 工龄： 岗位： 学历：

你是否每年都替自己订下大的计划，如减肥、存钱、旅行，又是否每每能坚持到底？抑或多是半途而废？

在以下题目中选择你的答案，然后按照统计得分结果查看测试结果。

1. 你正在朋友家中，茶几上放着一盒你爱吃的巧克力，但你的朋友无意给你吃。当她离开房间时，你会：

A. 对自己说：“什么巧克力？我很快就有一顿丰富的晚餐。”

B. 静坐着，抗拒它的诱惑。

C. 立即吞下一块巧克力，再抓一把塞进口袋里。

D. 一块接一块地吃起来。

2. 你发现你的好友未将日记锁好便离开房间，你一向很想知道她对你的评语及她和男朋友的关系，你会：

A. 急不可待地看，然后责问她居然敢说你好管闲事。

B. 立即离开房间去找她，不容许自己有被引诱偷看的机会。

C. 匆匆翻过数页，直至内疚感令你停下来为止。

3. 你从他人处听到好友的秘密，你会：

A. 极力忘记它。

B. 什么也不做，为好友守秘密。

C. 不告诉其他人，但会转告好友，提醒他注意。

D. 立即告知别人，传播好友的秘密。

4. 你正努力存钱准备年底去旅行，但你看到了家人喜欢的东西，你会：

A. 每次经过那商场时，都不动心购买。

B. 放弃它，没有任何东西能阻碍你的旅游大计。

C. 想其他办法满足家人的愿望，也不影响旅行计划。

D. 不顾一切买下它，宁愿借钱去旅行。

5. 你的好友或同事请你去喝酒，但碰上狂风暴雨，你会：

A. 立即打电话取消约会。

B. 电话征求朋友意见，是否取消约会。

C. 不愿好友失望，冒雨去参加约会。

6. 你对新年中所许下的诺言所抱的态度是：

A. 维持2～3年。

B. 到适当的时候就违背它。

C. 只能维持几天。

D. 懒得去想什么诺言。

7. 如果你平常上班需要6点起床，在休息日不用上班时，你会：

A. 坚持习惯，准时在6点起床进行晨练。

B. 由于是休息日，可以多睡会。

C. 睡到几点算几点，醒了再起床。

D. 即使醒了也不愿起床。

8. 对于要求在6周内完成一项重要工作任务，你会：

A. 在委派后5min即开始进行，以便有充足的时间。

B. 立即进行，并确定在限期前两天完成。

C. 每次想动手时都有其他事分神，你不断告诉自己还有6周时间。

D. 限期前30min才开始进行。

9. 医生建议你多做运动，你会：

A. 拼命运动，直至支持不住。

B. 最初几天依指示去做，待医生检查后放弃。

C. 只在一二天照做。

D. 每天漫步去买雪糕，然后乘出租车回家。

10. 家人要求你戒烟、酒等不良嗜好，你会：

A. 对我有好处，一定做到。

B. 坚持一段时间后放弃。

C. 口头上答应，实际不去做。

D. 自己的习惯，坚决不愿放弃。

注：各题目答案中选A得4分，选B得3分，选C得2分，选D得1分。所有题目得分总和即为意志力测试分数。18分以下为意志力薄弱；18～30分为意志力中等；31～40分为意志力强。

附录4　乐观程度测试

测试量表

性别：　　　　年龄：　　　　工龄：　　　　岗位：　　　　学历：

你是个乐观主义者或悲观主义者吗？在以下题目中选择你的答案，然后按照统计得分结果查看测试结果。

1. 如果你深夜接到电话或有人敲门，你会认为那是坏消息，或有麻烦发生了吗？是　否

2. 你随身带着安全别针或一条绳子，以防万一衣服或别的东西裂开了吗？是　否

3. 你跟人打过赌吗？是　否

4. 你曾梦想过赢了彩券或继承一大笔遗产吗？是　否

5. 出门的时候，你经常带着一把伞吗？是　否

6. 你用自己的收入买保险吗？是　否

7. 度假时，你曾经没预订旅馆就出门了吗？是　否

8. 你觉得大部分的人都很诚实吗？是　否

9. 度假时，把家门钥匙托朋友或邻居保管，你会将贵重物品事先锁起来吗？是　否

10. 对于新的事物或工作计划，你会激动或非常热衷吗？是　否

11. 只要朋友需要，并表示一定奉还，你就会答应借钱给他吗？是　否

12. 明天安排好的野外活动，如果今天碰到下雨，你仍会照原定计划准备吗？是　否

13. 对你的领导和同事，你充分信任吗？是　否

14. 如果有重要的约会，你会提早出门，以防堵车或意外发生吗？是　否

15. 如果医生叫你做一次身体检查，你会怀疑自己可能有病吗？是 否

16. 每天早晨起床时，你会期待又是美好一天的开始吗？是 否

17. 收到意外的来函或包裹时，你会特别开心吗？是 否

18. 你会随心所欲地花钱，等花完以后再发愁吗？是 否

19. 你工作过程中，对可能发生的事故担心吗？是 否

20. 你对未来的十二个月的工作和生活充满希望吗？是 否

注：第1、2、5、6、14、15、19题选“是”不得分，选“否”得1分；其余题目选“是”得1分，选“否”不得分。所有题目得分总和即为乐观程度测试分数。0～7分为悲观主义者；8～14分为人生态度较正常；15～20分为乐观主义者。

附录5 性格类型测试

测试量表

性别：　　年龄：　　工龄：　　岗位：　　学历：

性格分为三种类型：理智型、情绪型、平衡型，不同性格类型的人会有不同的行为方式，不妨测试一下你的性格是哪种类型。

在以下题目中选择你的答案，然后按照统计得分结果查看测试结果。

1. 如果让你选择，你更愿意：

A. 独自工作。

B. 和熟悉的人一起工作。

C. 同许多人一起工作，能够相互激励。

2. 你平常喜欢读的书籍是：

A. 史书、秘闻、传记类。

B. 历史小说、社会问题小说。

C. 幻想小说、荒诞小说。

3. 你对恐怖影片反应如何？

A. 不能忍受。

B. 害怕。

C. 很喜欢。

4. 以下哪种情况符合你：

A. 很少关心他人的事。

B. 爱听新闻，关心别人的生活细节。

C. 关心熟人的生活。

5. 去外地出差时，你经常会：

A. 挂念家人，每天电话联络报平安。

B. 利用机会，多游玩一些地方。

C. 陶醉于自然风光和名胜。

6. 遇见朋友时，经常是：

A. 点头问好。

B. 微笑、握手和问候。

C. 拥抱他们。

7. 你看电视或电影时会哭或觉得要哭吗?

A. 从不。

B. 有时。

C. 经常 。

8. 如果在车上有烦人的陌生人要你听他讲自己的经历，你会怎样：

A. 真的很感兴趣。

B. 显示你颇有同感。

C. 打断他，做自己的事。

9. 被别人问及私人问题时，你会怎样?

A. 平静地说出你认为适当的话。

B. 虽然不快，但还是回答了。

C. 感到不快和气愤，拒绝回答。

10. 是否想过给本单位的文化媒体写文章或报道?

A. 有可能想过。

B. 想过。

C. 绝对没想过。

11. 如果在公园或公共场所，碰到一位女性在哭泣，你会怎样?

A. 想说些安慰话，但却羞于启口。

B. 问她是否需要帮助。

C. 远离她。

12. 在朋友家聚餐之后，朋友和其爱人激烈地吵了起来，你会怎样？

A. 觉得不快，但无能为力。

B. 尽力为他们排解。

C. 立即离开。

13. 送礼物给朋友，你如何做？

A. 仅仅在新年和生日。

B. 在觉得有愧或忽视他们时。

C. 全凭兴趣。

14. 一个刚相识的人对你说了些恭维话，你会怎样？

A. 谨慎地观察对方。

B. 感到窘迫。

C. 非常喜欢听，并开始喜欢对方。

15. 如果你因家事不快，上班时你会：

A. 工作起来，把烦恼丢在一边。

B. 尽量理智，但仍因压不住火而发脾气。

C. 继续不快，并显露出来。

16. 生活中的一个重要人际关系破裂了，你会：

A. 无可奈何地摆脱忧伤之情。

B. 感到伤心，但尽可能正常生活。

C. 至少在短暂时间内感到痛心。

17. 一只迷路的小猫闯进你家，你会：

A. 扔出去。

B. 想给它找个主人，找不到就让它安乐死。

C. 收养并照顾它。

18. 对于信件或纪念品，你会：

A. 刚收到时便无情地扔掉。

B. 两年清理一次。

C. 保存多年。

19. 你是否因内疚或痛苦而后悔？

A. 从不后悔。

B. 偶尔后悔。

C. 是的，一直到很久。

20. 同一个很羞怯或紧张的人谈话时，你会：

A. 有点生气。

B. 因此感到不安。

C. 觉得逗他讲话很有趣。

21. 你喜欢的孩子是：

A. 长大了的时候。

B. 能同你谈话的时候，并且形成了自己的个性。

C. 很小的时候，而且有点可怜巴巴。

22. 爱人或家人抱怨你花在工作上的时间太多了，你会怎样？

A. 解释说这是为了你们的共同利益，然后仍像以前那样去做。

B. 对两方面的要求感到矛盾，并试图使两方面都令人满意。

C. 试图把更多时间花在家庭上。

23. 在一场特别好的演出结束后，你会：

A. 勉强的鼓掌。

B. 加入鼓掌，但觉得很不自在。

C. 用力鼓掌。

24. 当拿到母校出的一份刊物时，你会：

A. 不看就扔进垃圾桶。

B. 通读一遍后扔掉。

C. 仔细阅读，并保存起来。

25. 听说一位朋友误解了你的行为，并且正在生你的气，你会怎样？

A. 等朋友自己清醒过来。

B. 等待一个好时机再联系，但对误解的事不做解释。

C. 尽快联系，做出解释。

26. 看到路对面有一个熟人时，你会：

A. 走开。

B. 招手，如对方没有反应便走开。

C. 走过去问好。

27. 怎样处置不喜欢的礼物？

A. 立即扔掉。

B. 藏起来，仅在送者来访时才摆出来。

C. 热情地保存起来。

28. 你对示威游行、爱国主义行动、宗教仪式的态度如何?

A. 冷淡。

B. 使你窘迫。

C. 感动得流泪。

29. 有没有毫无理由地觉得过害怕?

A. 从不。

B. 偶尔。

C. 经常。

30. 下面哪种情况与你最相符?

A. 感情没什么要紧，结局才最重要。

B. 十分留心自己的感情。

C. 总是凭感情办事。

注：各题目答案中选A得1分，选B得2分，选C得3分。所有题目得分总和即为性格测试分数。30～50分为理智型性格；51～69分为平衡型性格；70～90分为情绪型性格。

附录6 心理承受力测试

测试量表

性别： 年龄： 工龄： 岗位： 学历：

你的性格能承受多大的压力呢?是热衷于激烈的竞争和挑战，还是喜欢安于现状，不思进取，或者是逃避现实和不接受压力呢?

请在以下题目中选择你的答案，然后按照统计得分结果查看测试结果。

1. 在你成长道路上，考学或工作等曾经有过多次挫折。

选择：是 否 不确定

2. 你在初恋时被恋人甩掉后，几乎失去了生活的勇气。

选择：是 否 不确定

3. 你的收入不高，但手头总感到宽裕。

选择：是 否 不确定

4. 你的睡眠很好，从来不需要服用安眠药物助眠。

选择：是　否　不确定

5. 单位原定涨工资的人员名单有你，可实际公布时换了另一个同事，即便如此，你也心情坦然，并向他祝贺。

选择：是　否　不确定

6. 你认为公司发布新的规定、安全制度，并强制员工执行，这些都是顺理成章的事。

选择：是　否　不确定

7. 即使与曾经有过矛盾和冲突的同事一起工作，你也能心平气和。

选择：是　否　不确定

8. 你与单位新任领导或上司建立关系相当容易。

选择：是　否　不确定

9. 在完成工作任务中，即便多次失败，你也不放弃再尝试的机会。

选择：是　否　不确定

10. 只要有50%的成功把握，你就会去干有些风险的事。

选择：是　否　不确定

11. 一有空闲时间，你就能做自己想做的事。

选择：是　否　不确定

12. 别人若对你不公正，你会找机会进行报复。

选择：是　否　不确定

13. 你是独生子，或小时候是单亲家庭。

选择：是　否　不确定

14. 让你和与自己性情不同的人一起工作，你会感到难以接受。

选择：是　否　不确定

15. 单位对你的岗位制定了新的安全规范，你会感到厌烦。

选择：是　否　不确定

16. 领导对你的工作提出的批评不正确，你会感到难以接受。

选择：是　否　不确定

17. 你接连遇到几件不愉快的事，会一次比一次感到苦恼。

选择：是　否　不确定

18. 别人擅自动用你的物品，你会生气很长时间。

选择：是　否　不确定

19. 如果当天没有完成工作任务，你会吃不下饭、睡不好觉。

选择：是　否　不确定

20. 听说同龄人有不治之症，你就会很当心自己身体。

选择：是　否　不确定

注：1～11题，选“是”得2分，选“否”得0分，选“不确定”得1分；12～20题，选“是”得0分，选“否”得2分，选“不确定”得1分。所有题目得分总和即为心理承受力测试分数。0～10分为心理承受力弱；10～24分为心理承受力中等；25～40分为心理承受力强。

参考文献

［1］ 罗云．企业本质安全：理论·模式·方法·范例．北京:化学工业出版社，2018.

［2］ 罗云．现代安全管理．3版．北京:化学工业出版社，2016.

［3］ 罗云．员工安全行为管理．2版．北京:化学工业出版社，2017.

［4］ 罗云．风险分析与安全评价．3版．北京:化学工业出版社，2016.

［5］ 罗云．化工岗位三法三卡安全工作法．北京:化学工业出版社，2013.

［6］ 罗云．注册安全工程师手册．3版．北京:化学工业出版社，2020.